COURS ÉLÉMENTAIRE

DE

BOTANIQUE

RÉDIGÉ CONFORMÉMENT AUX PROGRAMMES DU 2 AOUT 1880

POUR LA CLASSE DE QUATRIÈME

ET LES ÉCOLES D'AGRICULTURE

PAR

G. LE MONNIER

Ancien élève de l'École normale supérieure
Agrégé des lycées pour les sciences physiques
Professeur de botanique à la Faculté des sciences de Nancy

Avec 251 figures dans le texte

PARIS

LIBRAIRIE GERMER BAILLIÈRE ET Cie

108, BOULEVARD SAINT-GERMAIN

Au coin de la rue Hautefeuille

COURS ÉLÉMENTAIRE

DE

BOTANIQUE

COURS ÉLÉMENTAIRE

DE

BOTANIQUE

RÉDIGÉ CONFORMÉMENT AUX PROGRAMMES DU 2 AOUT 1880

POUR LA CLASSE DE QUATRIÈME

ET LES ÉCOLES D'AGRICULTURE

PAR

G. LE MONNIER

Ancien élève de l'École normale supérieure
Agrégé des lycées pour les sciences physiques
Professeur de botanique à la Faculté des sciences de Nancy

Avec 251 figures dans le texte

PARIS

LIBRAIRIE GERMER BAILLIÈRE ET Cie

108, BOULEVARD SAINT-GERMAIN

Au coin de la rue Hautefeuille

PRÉFACE

La botanique descriptive est la branche de la science qui fait connaître les formes des différentes espèces. C'est par elle que l'on doit naturellement commencer l'étude de cette science, non seulement parce que cela est conforme à l'ordre historique du développement des sciences naturelles, mais aussi parce qu'il est utile, avant de vouloir pénétrer l'organisation intime des plantes, de pouvoir reconnaître et nommer exactement celles que l'on a sous les yeux. Tel sera donc l'objet du présent cours qui, outre son utilité propre, servira de préparation pour l'étude à faire plus tard de l'anatomie et de la physiologie des plantes.

Cette préparation sera d'autant plus efficace, que l'élève ne se contentera pas des descriptions, ni même des figures contenues dans ce livre, et qu'il cherchera à voir, de ses propres yeux, les organes que nous décrivons. Cela sera facile dans la plupart des cas, parce que, conformément à l'esprit du programme, on a insisté surtout sur les plantes qui vivent dans notre pays, qui y sont l'objet d'une culture continue, soit dans les jardins, soit dans la grande culture, ou bien qui sont communes à l'état sauvage.

Il est vrai que dans la première partie du cours, relative aux végétaux cryptogames, on a dû s'occuper d'espèces ou d'organes qui ne sauraient être observés, sans le secours du microscope. Pour que les élèves puissent voir ces objets, il faudra nécessairement que le professeur prenne le soin d'en faire lui-même quelques préparations. Elles sont en général faciles, et l'intérêt qu'offrent des végétaux tels que les ferments, dont le rôle est si important dans la nature et dans les arts, nous a paru suffisant pour justifier l'histoire sommaire que nous avons faite de ces plantes.

La partie relative à la reproduction sexuée des cryptogames vasculaires est un peu plus difficile à comprendre bien exactement. Nous avons pensé, toutefois, qu'après les découvertes de la science moderne, on ne pouvait laisser subsister le profond hiatus qui brisait l'unité du règne végétal aux yeux des anciens botanistes, et que, même au prix d'une application un peu plus grande, on serait bien aise de voir établir les liens qui unissent les cryptogames aux phanérogames.

La forme très condensée que nous avons adoptée, fait d'ailleurs de notre ouvrage un livre utile surtout à consulter pour rectifier ou compléter les notes prises au cours. Nous nous tiendrons pour satisfait, s'il est jugé convenable pour remplir ce rôle d'*aide-mémoire*.

Nancy, le   mars 1881.

COURS ÉLÉMENTAIRE
DE BOTANIQUE

—

CLASSE DE QUATRIÈME

INTRODUCTION

1. — Avant d'entrer dans l'étude particulière des différentes plantes, il est bon de s'être fait une idée générale de la vie de la plante, et du corps qui est le siège de cette vie.

Le corps du végétal se compose de parties distinctes que tout le monde connaît sous les noms de tiges, feuilles, fleurs, etc. Ces parties, elles-mêmes, sont formées de tissus. On donne le nom de *tissus* à la substance qui forme les organes, parce qu'elle est constituée, comme les tissus artificiels ou étoffes, par de très-petits corps accolés les uns aux autres, enchevétrés comme les fils d'une toile. Les petits corps, qui, par leur assemblage, forment les tissus végétaux sont appelés les *éléments anatomiques* de ces tissus.

2. — **Cellule.** — Ils ont tous à l'origine la forme de *cellule*, quelques-uns gardent indéfiniment cette forme qui, chez d'autres, s'altère plus ou moins par les progrès de l'âge. Nous n'avons pas pour le moment à faire l'histoire des cellules; mais il est indispensable de les définir dans leurs par-

ties essentielles, et d'indiquer la principale de leurs modifications.

La cellule se compose essentiellement d'une petite masse de matière demi-fluide demi-solide ayant une forme propre, une composition chimique analogue à celle du blanc d'œuf, c'est-à-dire comprenant : carbone, hydrogène, oxygène, azote, soufre et phosphore, et surtout caractérisée parce qu'elle est *vivante*, c'est-à-dire capable de se nourrir et de se multiplier; cette masse se nomme un *protoplasma*. Très-habituellement on distingue dans le protoplasma d'une cellule un corps arrondi, le *noyau*; de plus dans l'immense majorité des cas le protoplasma est entouré d'une *membrane* ayant une consistance beaucoup plus ferme et une composition chimique très-différente. La cellule qui contient ces trois éléments est complète, celle au contraire qui n'a pas de membrane est nommée cellule *nue*. Quand les cellules vieillissent il arrive souvent que leur protoplasma disparaît et que la membrane seule subsiste entourant une cavité vide; on conserve à ces corps le nom de cellules, il vaudrait mieux dire que ce sont des cadavres de cellules, car ils ne vivent plus; en perdant leur protoplasma ils ont perdu la faculté de se nourrir et à plus forte raison, celle de se multiplier. Ces cellules mortes peuvent néanmoins persister dans le corps de la plante et même remplir, en vertu de leurs propriétés mécaniques, un rôle important. Le bois qui donne à la tige des arbres la solidité nécessaire pour supporter le poids des branches et du feuillage, pour résister à l'effort du vent, est en grande partie formé de cellules ainsi mortes et vides.

3. — **Vaisseaux.** — On nomme *vaisseau* une remarquable combinaison de cellules mortes qui jouent un rôle considérable dans la vie de la plante. Un vaisseau adulte est un tube cylindrique ou prismatique dont les parois latérales sont toujours ornées de dessins variés, et dont la longueur est beaucoup plus considérable que le diamètre; la cavité du vaisseau est vide. Le vaisseau s'est formé par la modification d'une série de cellules, qui, placées bout à bout, formaient une file très-allongée. Les cloisons transversales qui

séparaient les cavités de ces cellules s'étant détruites en même temps que le contenu des cellules disparaissait, la cavité du vaisseau s'est trouvée constituée.

Les vaisseaux sont d'ordinaire réunis en assez grand nombre et accolés parallèlement les uns aux autres pour former des *faisceaux*. Ceux-ci sont faciles à voir à l'œil nu et à isoler dans un grand nombre de plantes. Ils ont en effet habituellement une plus grande solidité que les tissus qui les environnent, de sorte qu'en râclant ceux-ci avec précaution on peut isoler les faisceaux. On arrive au même résultat en laissant pourrir une plante sous l'eau.

Ce tissu qu'on appelle *vasculaire*, outre qu'il présente plus de solidité et de résistance que le tissu cellulaire, diffère de celui-ci parce qu'il se prête mieux au transport des substances qui doivent se déplacer d'un point à l'autre de la plante. Nous verrons, en effet, qu'il est développé surtout dans les végétaux terrestres de grande dimension qui, par une de leurs extrémités, aspirent dans la terre des sucs qui doivent être transportés ensuite dans tous les organes. Au contraire les végétaux très-petits ou les végétaux aquatiques, qui par toute leur surface sont en contact avec le milieu dont ils se nourrissent, peuvent être entièrement formés de cellules.

La vie de la plante comprend les deux fonctions sans lesquelles on ne pourrait concevoir une espèce organisée : la *nutrition* et la *reproduction*.

4. — Nutrition. — La *nutrition*, d'une part, consiste à prendre au monde extérieur certaines substances, à les modifier pour les rendre semblables à celles qui existent déjà dans l'organisme, à les distribuer suivant les besoins de chaque partie, à les incorporer enfin à ces parties elles-mêmes ; d'autre part elle écarte du végétal et rejette hors de lui les résidus de l'élaboration des matières nutritives, et les portions de sa substance que l'usage a rendues impropres à la vie. Ce double mouvement d'*assimilation* et de *désassimilation* se continue pendant toute la vie active des végétaux ; mais il paraît suspendu, plus ou moins complètement, pendant certaines périodes de temps, souvent fort longues.

Pendant les froids de l'hiver nous voyons nos arbres

arrêter leur développement et demeurer plusieurs mois sans changement. Dans les pays tropicaux, ce *repos de la végétation* coïncide au contraire avec la saison la plus chaude, il est dû alors à l'extrême sécheresse. Certains corps, les tubercules de la pomme de terre, les oignons du lis et de la jacinthe montrent le même phénomène pendant un temps encore plus long. Mais ce sont surtout les graines qui le présentent au plus haut degré. Ces corps contiennent un petit végétal tout formé, *l'embryon*, qui depuis la maturité jusqu'à la germination peut demeurer plusieurs années sans manifester aucune activité. Il n'est pas mort cependant et se montre susceptible de nouveaux développements, si les conditions favorables de température, d'humidité et d'aération lui sont fournies. On désigne sous le nom de *vie latente* cet état singulier pendant lequel la possibilité de vivre subsiste en l'absence de toute manifestation actuelle de la vie.

5.—La plante pour se nourrir emprunte au monde extérieur des substances très différentes qui lui viennent de deux sources distinctes. Elle prend au sol, sur lequel elle pousse, des sucs nourriciers qui sont formés par de l'eau, contenant en dissolution différents sels. Sans entrer dans le détail des substances tirées du sol, nous dirons seulement que les plus importantes sont les nitrates de chaux, d'ammoniaque et de potasse, les sulfates et phosphates de chaux, et enfin les sels de fer. Ces substances salines fournissent à la plante de l'azote, du soufre, du phosphore, qui lui sont nécessaires pour constituer les matières albuminoïdes dont se compose le *protoplasma* des cellules vivantes. L'eau sert à dissoudre tous ces sels : elle est d'ailleurs indispensable au végétal qui en perd constamment de grandes quantités par l'évaporation. D'un autre côté, la plante emprunte à l'air du gaz acide carbonique qu'elle décompose, comme nous le verrons plus bas, rejetant dans l'atmosphère l'oxygène et ne gardant que le carbone.

Nous venons de voir où et comment la plante se procure les corps simples qui lui sont nécessaires. Examinons maintenant comment elle forme avec ces corps simples, les composés organiques qui sont comme les matériaux de ses différentes parties.

Le carbone se combine avec les éléments de l'eau pour former du sucre; celui-ci étant soluble peut se répandre dans tous les corps de la plante et aller dans les points où de jeunes organes sont en train de s'accroitre. Là, il est modifié par l'action du protoplasma cellulaire et se transforme en une substance solide, insoluble dans l'eau, nommée *cellulose;* c'est cette substance même qui forme la partie solide de tous les végétaux.

6. — CHLOROPHYLLE. — Les expériences de Saussure ont montré, au commencement du siècle, que toutes les parties vertes des végétaux jouissent de la propriété de décomposer l'acide carbonique de l'air, lorsqu'elles sont placées en présence de ce corps, et soumises à l'influence d'une lumière suffisamment vive. Les portions de plante colorées autrement qu'en vert sont dépourvues de ce pouvoir, et, de même que les parties vertes non éclairées, elles absorbent de l'oxygène et rejettent de l'acide carbonique. Cette propriété des parties vertes est éminemment remarquable, et c'est une des principales distinctions que l'on puisse établir entre les végétaux et les animaux, que cette différence d'action par rapport à l'air. On donne le nom de *chlorophylle* à la matière colorante verte qui existe dans les tiges, dans les feuilles de la plupart des plantes et leur communique la faculté de décomposer l'acide carbonique en retenant le carbone, et exhalant l'oxygène qu'il contient.

Il existe à la vérité des plantes qui ne contiennent pas du tout de chlorophylle, mais alors, elles cessent de pouvoir prendre du carbone à l'air, et comme le carbone est absolument nécessaire à tout être vivant, il faut qu'elles aillent en chercher ailleurs; elles font comme les animaux, elles empruntent leur nourriture à d'autres plantes vivantes ou mortes, à des animaux vivants ou morts, ou tout au moins à des composés organiques qui se sont formés dans les corps vivants, comme par exemple du sucre, des matières grasses, etc. Ces plantes sont donc parasites et s'écartent beaucoup de la vie normale des végétaux.

7. — **Reproduction.** — La *reproduction* assure la durée des espèces au delà de la durée des individus, en outre elle

tend à multiplier le nombre des individus existants. Elle consiste dans ce fait qu'un végétal vivant produit des corps qui peuvent se séparer de la plante-mère et avec le concours de circonstances convenables donner naissance à un nouveau végétal semblable à ce qu'était à l'origine la plante-mère. Ces corps multiplient les échantillons de l'espèce, parce qu'un seul pied fournit en général un très grand nombre de corps reproducteurs, et en même temps ils rajeunissent, en quelque sorte, l'espèce parce que le nouvel individu est semblable à ce qu'était la plante-mère et non à ce qu'elle est aujourd'hui. Le gland d'un chêne de cent ans donne un jeune chêne.

Il faut soigneusement distinguer la *reproduction proprement dite* de la *propagation végétative*, que nous pouvons opérer artificiellement par les boutures et les marcottes[1], et qui se fait spontanément, dans un grand nombre de plantes, par des procédés très divers. L'*Ail commun* par exemple porte à sa base des corps renflés ou *caïeux* dont chacun séparé et planté fournira un pied d'ail ; mais le pied ainsi obtenu sera très-différent de celui que fournirait une graine d'ail. La graine seule donnera une jeune plante, tandis que le caïeu donnera tout de suite une plante adulte. La propagation végétative n'est que la continuation de la nutrition, tandis que la reproduction est un phénomène nouveau et différent.

Ces deux grandes fonctions, nutrition et reproduction, peuvent être séparées à des degrés très divers ; plus la séparation est nette, plus les organes affectés à l'une des fonctions diffèrent de ceux qui servent à l'autre, plus aussi l'organisation est compliquée, ou comme l'on dit souvent parfaite.

8. — **Espèces, Variétés.** — Tout le monde sait que les graines d'une plante produisent, en se développant, une

---

1. On donne le nom de *bouture* à une branche qui après avoir été coupée sur un arbre et mise en terre, pousse des racines et devient une plante nouvelle. La *marcotte* diffère de la bouture, en ce qu'avant d'être détachée du tronc la branche est entourée de terre humide, de manière à être bien enracinée quand on la coupe.

plante fille ressemblant, par sa forme, son mode d'existence et ses produits, à la plante mère dont est sortie la graine ; de telle sorte que les caractères observés sur l'une se retrouvent sur l'autre. C'est la confiance que nous avons dans la généralité de cette loi qui nous permet d'utiliser les observations des anciens, faites sur des plantes qui ont disparu ; c'est elle qui est le fondement de la notion d'*Espèce*, et qui fait que nous voyons dans la nature autre chose que des individus isolés ; que lorsque nous parlons d'un chêne, nous n'avons pas en vue tel ou tel arbre particulier, mais l'un quelconque de ceux qui ont les propriétés du chêne. Il n'est pas d'ailleurs nécessaire pour que nous considérions deux plantes comme appartenant à la même espèce, que nous les sachions nées toutes deux des graines d'un même individu, il suffit qu'elles se ressemblent, entre elles, autant que se ressemblent deux plantes, filles du même individu. Si les plantes filles ressemblaient toujours parfaitement à la plante mère, il serait donc facile de distinguer les différentes espèces qui existent dans un pays, sans rien savoir du passé de ces plantes. Il suffirait en effet de donner le même nom à toutes les plantes qui offriraient les mêmes caractères et d'inventer un nom nouveau pour chacune de celles qui présenterait une nouvelle différence. Mais il n'en est pas ainsi, et l'expérience que chacun peut faire sur les plantes cultivées montre que bien des circonstances peuvent faire différer la plante fille de la plante mère ; par exemple, la graine d'une plante velue, croissant dans un endroit sec et peu fertile, pourra, si elle est cultivée dans un endroit frais, dans un sol riche, donner une plante dépourvue de poils, plus grande dans toutes ses parties que la plante mère.

On donne le nom de *variation* à ce changement de caractères qui se produit sous l'influence d'un changement dans les conditions d'existence. On observe souvent dans la nature à l'état sauvage et dans des localités déterminées des plantes qui diffèrent du type habituel de leur espèce, comme nous venons de le supposer dans l'expérience précédente ; on les considère comme des *variétés* du type commun, bien que l'on ne sache pas si elles proviennent réellement de graines produites par le type. En général, ces variétés cultivées de graines en dehors des localités où on les a observées reproduisent le type commun. Mais quelquefois il n'en est pas ainsi, elles conservent même pendant plusieurs générations leurs caractères particuliers. On leur donne alors le nom de *race*, et on continue cependant à les rattacher au type commun de l'espèce.

Ainsi l'espèce est une réunion d'individus semblables, quoique non identiques; elle peut offrir soit des variations accidentelles, soit des variétés déjà plus stables, soit enfin des races transmissibles par la reproduction. On comprend que cette variabilité de l'espèce rende extrêmement difficile d'apprécier exactement les limites de ces groupes; une telle appréciation ne peut être soumise à aucune règle fixe et doit être réservée à ceux qui par une longue étude se sont familiarisés avec la végétation de l'époque actuelle.

Mais lorsque les espèces ont été ainsi délimitées, que leurs caractères ont été décrits, et qu'enfin elles ont reçu des noms, il reste à les classer, et cette classification doit poursuivre un double but : premièrement, permettre de trouver le nom que porte dans la science une espèce dont on a sous les yeux des échantillons; secondement, grouper les espèces suivant leur ressemblance. Occupons-nous d'abord de la première partie du problème, qui constitue la détermination des espèces.

9. — **Classifications artificielles** ou **systèmes**. — Différents moyens de classification ont été imaginés pour faciliter cette opération. On peut donner le nom de *système* ou *classification artificielle* à tous les groupements destinés particulièrement à cet objet; sans les passer tous en revue, nous citerons celui de tous qui est le plus parfait et le plus généralement usité aujourd'hui, c'est la *méthode analytique* ou *clé dichotomique* imaginée à la fin du siècle dernier par Lamarck, et que l'on trouve jointe à toutes les flores élémentaires. La clé consiste en un tableau offrant une série de paragraphes numérotés; chacun d'eux se subdivise en deux alinéa décrivant des propriétés opposées que peut présenter la plante en question. On cherche auquel de ces deux

alinéa la plante est conforme. A la fin de cet alinéa se trouve un numéro qui renvoie à un paragraphe plus éloigné dans le tableau ; là une seconde question est posée, qui renvoie à une troisième, et ainsi de suite jusqu'à ce qu'enfin on arrive au nom de la plante. Souvent, pour faciliter la recherche, on décompose le tableau général en plusieurs, le premier sert à trouver la famille, puis pour chaque famille un tableau spécial conduit au nom du genre, et enfin, s'il y a lieu, des tableaux particuliers permettent pour chaque genre d'arriver à l'espèce.

10. — **Classifications naturelles.** — Dans une classification de cette nature, le principal mérite est de n'employer que des caractères faciles à observer et bien précis. Il en est tout autrement pour la classification naturelle dont le but est de former des groupes dans lesquels les plantes soient réunies d'après la somme des ressemblances qu'elles présentent. L'idée de rechercher une telle classification s'impose d'elle-même, aussitôt que l'on connaît un ensemble un peu considérable de végétaux. En effet, de la comparaison des espèces, naît la notion du *genre*. On ne peut pas voir à côté l'une de l'autre les différentes sortes de trèfles, sans remarquer qu'elles se ressemblent plus qu'elles ne ressemblent aux luzernes chez lesquelles on distingue aussi plusieurs espèces. On est donc amené à former des groupes d'espèces que l'on appelle genres, comme précédemment on a formé des groupes d'individus nommés espèces.

Les genres à leur tour se groupent en *familles*, les trèfles, les luzernes, et en général toutes les plantes à fleurs papilionacées formant la famille des Légumineuses, parce qu'elles se ressemblent plus qu'elles ne ressemblent aux plantes à étamines nombreuses, à fleurs régulières de la famille des Rosacées, et l'on continue ainsi, passant des groupes les plus simples aux plus vastes.

Le groupement des espèces en genres a été poursuivi méthodiquement surtout depuis Tournefort (1694), et a pris une importance toute particulière depuis que Linné a imaginé et fait adopter la *nomenclature binaire*. Le principe de ce système consiste à désigner chaque espèce par deux mots :

le premier est un substantif qui s'applique à toutes les espèces d'un même genre, le second un qualificatif propre à
l'espèce; c'est ainsi que l'ail, l'ognon, le porreau, portent
tous le nom d'*Allium* : le premier est l'*A. sativum*, le
second l'*A. cepa*, et le dernier l'*A. porrum*. Tous ces noms
étant empruntés au latin, se distinguent des noms de la langue
vulgaire dont la signification est souvent mal définie; en
sorte que bien loin d'être une complication, ils simplifient
singulièrement les recherches.

Après la constitution des genres est venue celle des familles, qni, ébauchée par Bernard de Jussieu, fut surtout
élaborée par son neveu A. L. de Jussieu, qui publia les résultats de ce travail en 1789, sous le titre de *Genera planta-
rum secundum ordines naturales disposita*. Depuis cette
époque, les familles établies par Jussieu ont été augmentées
par l'addition d'espèces nouvelles, révisées par suite d'une
connaissance plus approfondie des plantes qui les composent;
mais on peut dire qu'elles sont en somme restées assez semblables à ce que les avait faites leur créateur. Le principal
but qu'ont poursuivi les successeurs de Jussieu a été la coordi-
nation des familles entre elles. On a cherché à les disposer
suivant un ordre qui exprimât le perfectionnement successif
que l'on observe depuis les plantes les plus simples, telles que
les Algues et les Champignons unicellulaires, jusqu'aux plus
compliquées. On paraissait admettre la possibilité de former
comme une échelle d'organisation dans laquelle chaque
plante plus parfaite que celles qui l'auraient précédée eût
été au contraire inférieure à celles qui l'auraient suivie. On
a dû renoncer plus tard à ce plan séduisant par sa simplicité
apparente. Il est certain, en effet, que si, d'une manière générale, les Phanérogames sont supérieures aux Cryptogames,
on ne peut cependant pas dire qu'une Phanérogame quelconque, la Lentille d'eau, par exemple, soit supérieure à une
Fougère en arbre ou à un Lycopode.

11. — Depuis que les vues émises pour la première fois par
Lamarck et développées par Darwin ont été acceptées par un
très grand nombre de naturalistes; depuis que l'on est
porté à admettre la variabilité illimitée des espèces, un nou-

vel idéal a été conçu pour la classification naturelle. Si, en effet, les espèces de la nature actuelle sont sorties d'une ou de plusieurs souches originelles, la meilleure classification possible serait évidemment celle qui reproduirait la généalogie des espèces actuelles. Il est bien entendu qu'il faudrait pour cela pouvoir rattacher les formes aujourd'hui vivantes aux types fossiles dont elles sont supposées être sorties. Dans l'imperfection où sont, pour le moment, nos connaissances touchant les plantes fossiles, il n'est pas surprenant que cet idéal n'ait pas été réalisé d'une façon assez satisfaisante pour qu'il y ait lieu d'exposer ici les tentatives faites pour l'atteindre. Nous nous bornerons à suivre une marche progressive, allant du simple au composé.

12. — Les plantes les plus simples se réduisent à un petit globule de matière vivante qui se nourrit constamment et qui, dans certaines conditions, forme un corps reproducteur; les deux fonctions se trouvent dans ce cas complètement confondues, un seul et même appareil les accomplit entièrement. Dans les végétaux un peu moins rudimentaires on commence par voir se séparer l'un de l'autre l'appareil reproducteur et l'appareil végétatif ou nourricier.

Puis chacune de ces grandes fonctions se subdivise à son tour en plusieurs actes et, à chacun de ses actes, correspond un organe particulier. Alors certaines parties de la plante vont chercher dans le sol les sucs nourriciers, d'autres empruntent à l'air des substances gazeuses, d'autres enfin servent au transport de tous ces matériaux divers. La plante se décompose en tige, racines, feuilles. En même temps les organes de la reproduction se différencient de plus en plus de ceux de la végétation; l'on arrive par degrés à avoir des fleurs et des fruits de forme tout à fait spéciale.

Les groupes principaux du règne végétal se distinguent à la fois par la structure des plantes et par la façon dont s'accomplissent les deux fonctions générales de nutrition et de reproduction. En allant des végétaux les plus simples aux plus complexes, nous trouvons donc d'abord des plantes à tissu uniquement formé de cellules et où les organes reproducteurs sont très peu différents des organes de nutrition.

Puis cette différence s'accusera. Ensuite viendront les plantes vasculaires possédant les deux espèces de tissu, et parmi celles-ci nous pourrons suivre la complication sans cesse croissante de l'organisme, en voyant l'appareil reproducteur devenir de plus en plus distinct de l'appareil végétatif.

Pour chacun des groupes nous suivrons une marche de description uniforme qui consistera à résumer en tête de la description du groupe les caractères communs à toutes les plantes dont il est formé; puis à indiquer sa division en groupes moins importants; ceux-ci seront passés en revue dans l'ordre de leur perfectionnement croissant, et traités chacun comme le groupe de premier ordre.

TABLEAU DE LA DIVISION DU RÈGNE VÉGÉTAL.

EN GROUPES ET EN CLASSES

I. — Plantes uniquement formées de cellules

THALLOPHYTES.	Dépourvues de chlorophylle..	*Champignons.*
	Pourvues de chlorophylle....	*Algues.*
MUSCINÉES.	Urnes s'ouvrant en valves....	*Hépatiques.*
	Urnes s'ouvrant par un opercule	*Mousses.*

II. — Plantes contenant des cellules et des vaisseaux

CRYPTOGAMES VASCULAIRES.	Feuilles petites, verticillées...	*Equisétinées.*
	Feuilles grandes, alternes....	*Filicinées.*
	Feuilles petites, alternes.....	*Lycopodinées.*
PHANÉROGAMES.	Ovules nus................	*Gymnospermes.*
	Ovules enfermés dans un ovaire...............	*Angiospermes* Monocotylédones. Dicotylédones.

PREMIÈRE PARTIE

PLANTES CELLULAIRES

---

13. — Les plantes cellulaires ne se ressemblent guère que par ce caractère négatif d'être dépourvues de vaisseaux véritables. Cependant on peut remarquer que la plupart d'entre elles prospèrent dans l'eau ou tout au moins dans les lieux humides, sont de petite dimension et d'une durée assez courte. Elles se divisent en deux groupes : les THALLOPHYTES et les MUSCINÉES.

GROUPE I

THALLOPHYTES

14. — **Caractères généraux.** — Le groupe des *Thallophytes* comprend des végétaux fort nombreux et de formes extrêmement diverses, qui, partant de la forme la plus simple que l'on puisse imaginer, celle d'un corpuscule sphérique extrêmement petit, se compliquent et se perfectionnent graduellement, en même temps que la taille des individus s'accroît. Même dans les formes les plus élevées on ne rencontre jamais la division du végétal en racines, tiges et feuilles qui est le caractère des plantes d'une or-

ganisation plus parfaite. Le corps du végétal porte ici le nom particulier de *thalle* pour marquer cette confusion des organes ailleurs séparés, et c'est de ce nom que l'on a formé celui de *Thallophytes* ou plantes à thalle.

Le groupe des *Thallophytes* se partage en deux classes très-différentes l'une de l'autre par la forme générale de leur appareil végétatif, par leur mode de nutrition et de reproduction. La première classe est celle des *Champignons*, la seconde celle des *Algues*. Nous examinerons plus loin en détail les caractères de chaque classe, pour le moment il suffira de dire que les *Champignons* étant toujours dépourvus de chlorophylle ne peuvent décomposer l'acide carbonique et sont obligés d'emprunter le carbone nécessaire à leur alimentation à des matières organiques vivantes ou mortes, tandis que les *Algues* contenant toujours de la chlorophylle peuvent toujours décomposer l'acide carbonique et se procurer du carbone comme le font tous les autres végétaux. Les *Champignons* paraissent donc se rapprocher en quelque façon des animaux, tandis que les *Algues* ressembleraient plus aux plantes ordinaires.

CLASSE I

LES CHAMPIGNONS

15. — Caractères généraux. — Les *Champignons* comprennent des plantes dépourvues de tiges, feuilles et racines, c'est-à-dire *thallophytes*, ne contenant jamais de chlorophylle et se reproduisant au moyen de corpuscules très petits, habituellement uni-cellulaires, que l'on nomme des *spores*.

L'appareil végétatif offre deux formes différentes, ce qui permet de distinguer dans cette classe deux divisions, les *myxomycètes* et les *champignons proprement dits*.

16. — Myxomycètes. — Les Myxomycètes ou champignons muqueux se présentent sous un aspect qui pourrait faire méconnaître leur nature végétale et même leur caractère d'êtres organisés. Ils affectent l'apparence d'une écume molle et muqueuse, blanche ou jaune, que l'on trouve appliquée sur des matières végétales en voie de décomposition : feuilles mortes, bois pourri, etc. Cette substance est animée d'un mouvement qui lui est propre; en sorte que si l'on observe une de ces masses pendant deux ou trois heures consécutives, on constate qu'elle s'est déformée et même déplacée. Par ce caractère les *Myxomycètes* ressemblent à certains animaux inférieurs, mais le mode de reproduction les rattache complètement au règne végétal.

Quand le moment de la reproduction est venu, toute la masse muqueuse se rassemble à la surface du corps sur lequel elle a vécu jusque-là et forme une sorte de gâteau, ou se partage en petites sphères appliquées les unes contre les autres. La surface de la masse se durcit en une membrane assez coriace, tandis que l'intérieur se divise en une multitude de globules sphériques ou *spores* entremêlées de filaments très-allongés. Le fruit s'ouvre ensuite par la rupture de son enveloppe et les spores qu'il contient sont dispersées. Les filaments qui sont mélangés avec les spores en aident la dispersion.

L'un des *Myxomycètes* que l'on peut le plus facilement observer est l'*Æthalium septicum* qui se développe sur la tannée et que les ouvriers connaissent sous le nom de *fleurs de tan.*

17. — **Champignons proprement dits.** — LES CHAMPIGNONS PROPREMENT DITS possèdent un appareil végétatif sans analogue dans le reste du règne végétal et auquel on donne le nom spécial de *mycélium.* Le mycélium se compose de filaments extrêment fins (de $\frac{1}{1000}$ de millimètre à $\frac{2}{1000}$ de millimètre de diamètre) et d'une longueur indéfinie. Ces filaments sont formés d'une enveloppe solide, mais très mince et par conséquent fort peu résistante, remplie par le protoplasma. Ils peuvent être subdivisés en cellules par des cloisons transversales ou au contraire offrir une cavité continue d'un bout à l'autre. Ils se ramifient dans toutes les directions, s'entrecroisent et s'accolent les uns aux autres de diverses manières. Le mycélium d'un champignon n'est généralement pas visible à l'œil nu, il court dans la substance dont le champignon se nourrit, s'insinuant entre les particules de la terre ou se glissant dans l'épaisseur même des feuilles, des tiges de la plante où il vit en parasite. Quelques espèces se développent de la même façon sur le corps des animaux vivants. En général donc, le mycélium n'a pas de forme d'ensemble qui lui soit propre, il prend celle du corps qui lui sert de support et d'aliment. Toutefois il peut arriver que les filaments de mycélium se réunissent pour former un corps solide de quelque étendue, un *sclérote;* nous en verrons un exemple en étudiant le champignon du *seigle ergoté;* le corps que l'on appelle en Italie : pierre à champignons, est de même un sclérote.

18. — La reproduction s'effectue dans les champignons suivant des procédés très divers et dont la complication va croissant depuis les espèces les plus inférieures jusqu'aux plus élevées. C'est sur ces modifications que l'on a fondé leur division en quatre ordres.

1° *Les Ferments;* 2° *les Oomycètes;* 3° *les Basidiomycètes;* 4° *les Ascomycètes.*

19. — Ferments. — Les FERMENTS sont des organismes microscopiques qui vivent presque toujours dans les liquides ou sur des corps solides humides dont ils modifient profondément la nature chimique. Leur structure est extrêmement simple. Chaque individu ne se compose souvent que d'une seule cellule sphérique ou cylindrique. Quand la cellule a atteint une dimension suffisante, elle s'étrangle en son milieu et se divise en deux parties semblables à la cellule mère et qui tantôt se séparent, tantôt restent réunies en petits groupes. Ce mode de multiplication ne peut se poursuivre que tant que la plante se trouve dans des conditions favorables à son existence. Si son développement est entravé, si par exemple le liquide où elle vit vient à se dessécher, le contenu de chaque cellule se contracte et se transforme en une ou plusieurs sphères nommées des *spores* qui sont les corps reproducteurs de la plante. Les spores peuvent rester un temps fort long sans se développer, supporter une dessiccation complète, subir l'action de températures très-élevées et conserver cependant la faculté de germer de

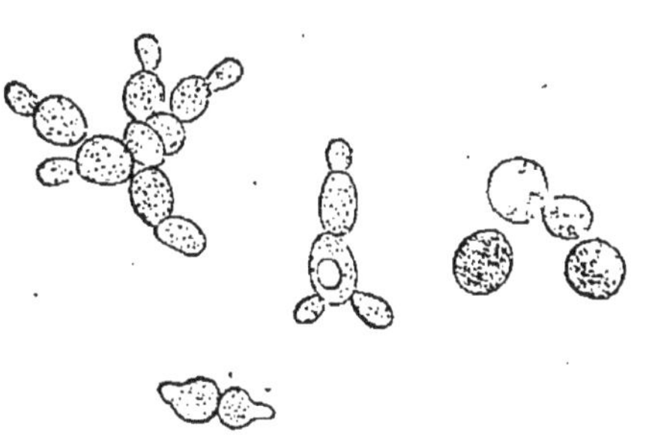

Fig. 1. — Levure de bière.

nouveau et de reproduire la plante mère si elles sont replacées dans des conditions favorables.

On distingue dans les Ferments deux groupes : les *Bactéries* et les *Levures*.

Les *Bactéries* sont les plus petits des êtres vivants connus jusqu'ici. Elles peuvent être sphériques ou cylindriques et ne donnent qu'une seule spore dans chacune de leurs cellules. Elles vivent aux dépens des substances animales ou végétales privées de vie et en déterminent cette altération caractérisée par la formation de gaz d'une odeur infecte, altération connue sous le nom de *putréfaction* ou *fermentation putride*. Les Bactéries peuvent aussi exister chez les animaux vivants et leur causer de graves maladies.

Les *Levures* (fig. 1) un peu plus grandes que les Bactéries

produisent plusieurs spores dans chaque cellule. Elles vivent
surtout dans les liquides sucrés tels que le moût de bière et
le jus de raisin; elles transforment le sucre de ces liquides
en alcool et acide carbonique.

20. — **Oomycètes.** — Les OOMYCÈTES ont, comme les
champignons supérieurs, des organes de fructification distincts de l'organe végétatif. Celui-ci est un mycelium non
cloisonné qui peut vivre dans des milieux liquides. Il existe
deux sortes d'organes reproducteurs : les *spores ordinaires*
et les *oospores*. Les premières, de dimensions fort petites,
sont produites constamment et en très grand nombre par
la plante parvenue à l'âge adulte et végétant vigoureusement;
placées peu de temps après leur formation dans un milieu
favorable, elles germent immédiatement en produisant un
mycélium semblable à celui sur lequel elles sont nées. Les
oospores ont un volume qui peut égaler mille fois celui
des spores ordinaires, et une structure beaucoup plus complexe. Elles se forment seulement sur des plantes dont la
végétation est compromise; elles peuvent attendre fort longtemps avant de germer. Mais ces deux sortes de spores diffèrent surtout par leur mode de formation.

Les oospores se forment à la suite du mélange des contenus primitivement distincts de deux cellules différentes.
Dans la famille des *Mucorinées*, qui comprend une partie
des productions nommées vulgairement *moisissures*, les
deux cellules dont les contenus se mélangent sont semblables. Chez les *Péronosporées* au contraire l'une des cellules
est plus petite que l'autre; cette dernière seule persiste
jusqu'à la maturité de l'oospore, on lui donne le nom de
cellule femelle tandis que la première qui se flétrit bientôt
est la cellule mâle.

Les spores ordinaires se forment tout simplement à l'intérieur d'un renflement qui termine une branche de mycélium dressée dans l'air.

21. — Nous venons de voir que le trait caractéristique de
l'ordre précédent est la formation des oospores ou spores
produites par fécondation. Les deux derniers ordres de champignons ne paraissent pas posséder de spores de cette na-

ture ; ce fait est d'autant plus remarquable que chez tous les végétaux d'organisation un peu élevée nous trouverons ce phénomène de la fécondation d'une manière constante.

Cependant ces champignons possèdent aussi plusieurs sortes de spores dans chaque espèce. On distingue surtout deux modes de formation pour les spores. Tantôt elles prennent naissance à la surface du champignon, à l'extrémité d'un filament qui se renfle d'abord puis s'étrangle au dessous du renflément, on dit alors que la spore est de formation *exogéne* ; tantôt les spores se forment à l'intérieur d'un sac en forme de massue et de sphère, elles sont dites dans ce cas *endogènes*.

22. — Basidiomycètes. — Les

BASIDIOMYCÈTES n'ont jamais de spores *endogènes*. Ils peuvent d'ailleurs offrir plusieurs formes de spores *exogènes*. On distingue dans cet ordre différentes familles dont nous allons examiner les plus intéressantes.

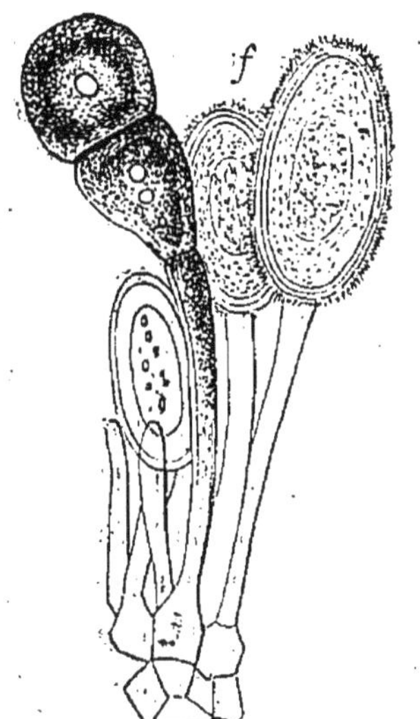

Fig. 2. — Fragment d'une tache de *Puccinia gramimis* prise sur la feuille du blé, et montrant une *téleutospore* accompagnée de plusieurs *urédospores*, f.

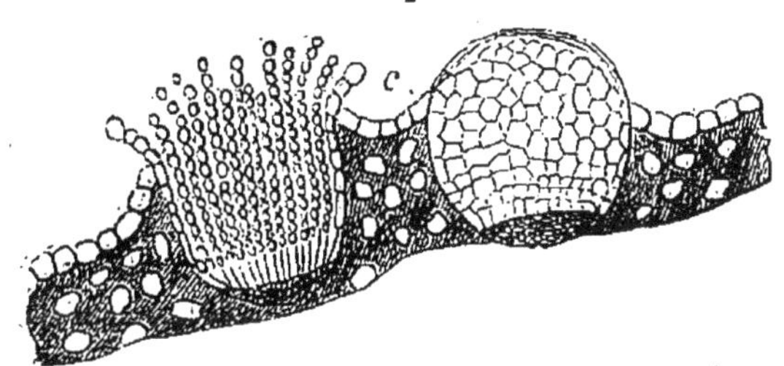

Fig. 3. — Coupe d'une feuille d'Épine-vinette portant des œcidiospores du *Puccinia graminis*.

Les *Urédinées* sont des basidiomycètes toujours parasites des végétaux vivants, et pouvant offrir jusqu'à quatre sortes de spores qui se produisent dans des conditions différentes. Nous examinerons comme exemple l'histoire du *Puccinia graminis* qui s'observe souvent sur les feuilles du blé où il forme des taches brunes connues sous le nom de *rouille* du blé ; ces taches quand elles sont nombreuses font sécher la feuille et peuvent tuer la plante. Les taches de rouille sont couvertes d'une fine poussière qui, observée au microscope, se montre formée de corps elliptiques d'un rouge brun portés par un filament coloré; ce sont des *urédospores* (fig. 2 *f.*). Leur forme et leur dimension montrent que ce sont des spores. On peut d'ailleurs s'assurer que placées sur une feuille de blé intacte, elles germent en donnant un filament mycélien qui pénètre dans la feuille et y développe une nouvelle tache de rouille . Vers l'époque de la moisson les taches de rouille ont une teinte plus foncée que précédemment, cela tient à ce qu'elles sont formées à cette époque par des spores différentes de celles que nous venons de décrire. Ces nouvelles spores, en forme de poire, sont divisées en deux par une cloison transversale, elles sont plus foncées et ont une membrane plus épaisse ; on les nomme des *téleutospores* (fig. 2). Placées sur une feuille de blé saine, elles ne peuvent lui communiquer la rouille. Pour les faire développer il faut attendre le printemps de l'année qui suit leur formation et à cette époque les déposer dans une goutte d'eau à la surface d'une jeune feuille d'Epine-vinette(fig.4). Alors elles germent et la feuille qui les porte présente, après quelques jours, une tache d'un brun rougeâtre qui contient deux sortes de spores, les unes fort petites dont les fonctions ne sont pas connues, les autres plus grandes, sphériques, sont nommées *œcidiospores* (fig. 3). Ces dernières placées sur une feuille de blé germent immédiatement et communiquent au blé la maladie de la rouille, c'est-à-dire y font naître des taches couvertes des urédospores qui nous ont servi de point de départ.

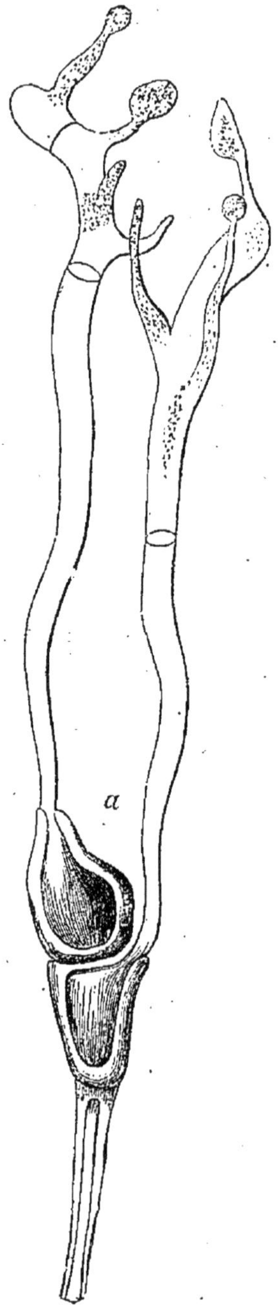

Fig. 4. — Téleutospore de *Puccinia graminis* germant.

23. — Les *Hyménomycètes* sont aussi des *basidiomycètes*; ils renferment des champignons que tout le monde connait à cause de leur emploi dans l'alimentation ; nous étudierons l'*Agaricus campestris* ou champignon de couche. On le cultive en grand sur des tas de fumier de cheval placés dans des caves de manière que la température soit toujours égale et qu'il soit facile de les maintenir au degré voulu d'humidité. Le mycélium forme des filaments blancs qui courent entre les brins de paille du fumier et pendant plusieurs semaines s'accroissent sans que rien au dehors indique leur présence. Au bout de ce temps on voit paraître à la surface, des tubercules (fig. 5) qui en grandissant prennent la forme caractéristique des champignons, avec un pied cylindrique sur lequel est fixé un disque hémisphérique ou chapeau. C'est l'appareil de fructification (fig. 6 et 7), que l'on prend souvent, mais à tort, pour le champignon tout entier. Le bord du chapeau est rattaché au pied par une membrane qui se déchire à la maturité. On voit alors, suspendus à la face inférieure du chapeau, des lames ou feuillets, qui portent des spores.

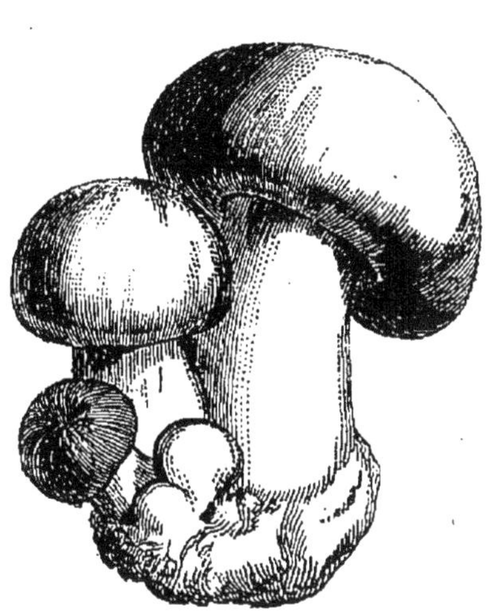

Fig. 5. — Plusieurs chapeaux d'Agaric commun à différents degrés de développement.

Une coupe pratiquée dans ces feuillets (fig. 8 et 9), montre que leur surface est parsemée de cellules nommées *basides* qui portent chacune deux spores à l'extrémité de deux petits prolongements très grêles. On appelle *hyménium* la couche formée par la réunion de toutes les basides. Dans les *agarics* l'hyménium recouvre les feuillets rayonnants du chapeau ; dans les *bolets* il tapisse intérieurement les tubes cylindriques grêles implantés verticalement sous le chapeau.

Certains agarics et bolets fournissent des aliments très recherchés, mais d'autres sont des poisons redoutables, et il faut se rappeler, pour éviter des accidents funestes, qu'il

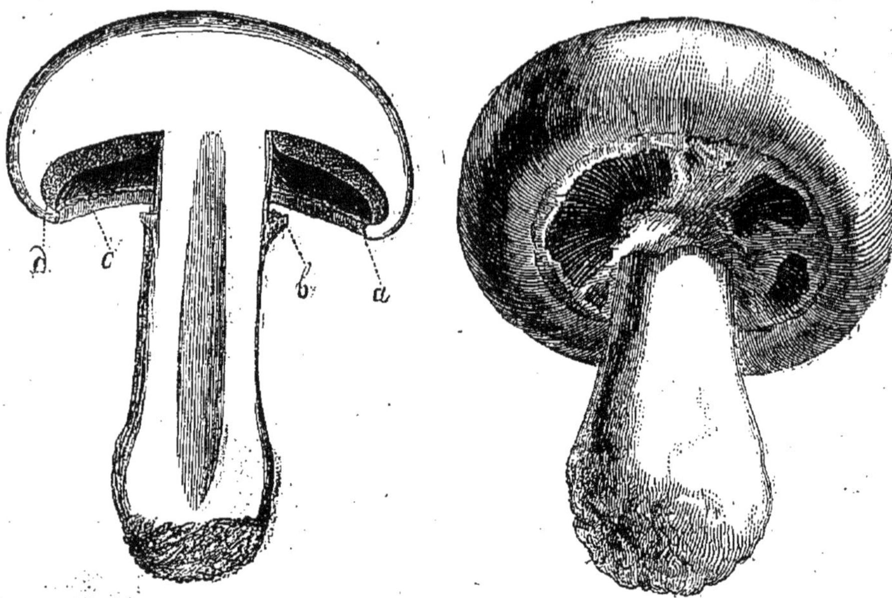

Fig. 6. — Coupe longitudinale d'un chapeau d'Agaric; *a*, feuillets tapissés d'hyménium; *b*, collerette.

Fig. 7. — Agaric au moment de la déchirure du voile.

n'y a pas de caractère sûr qui permette de distinguer à

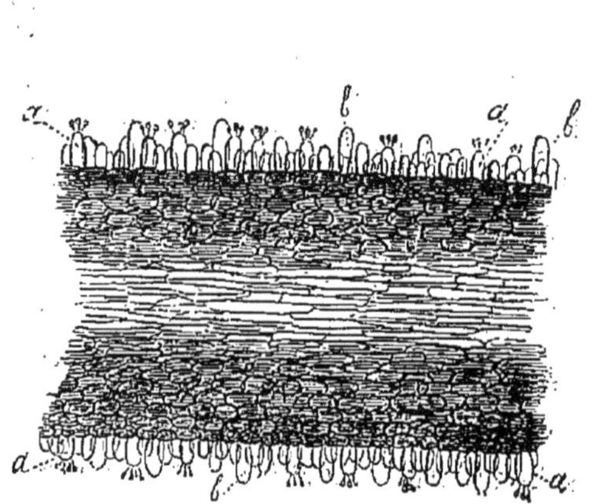

Fig. 8. — Coupe transversale d'un feuillet d'Agaric grossi; *a*, *b*, hyménium.

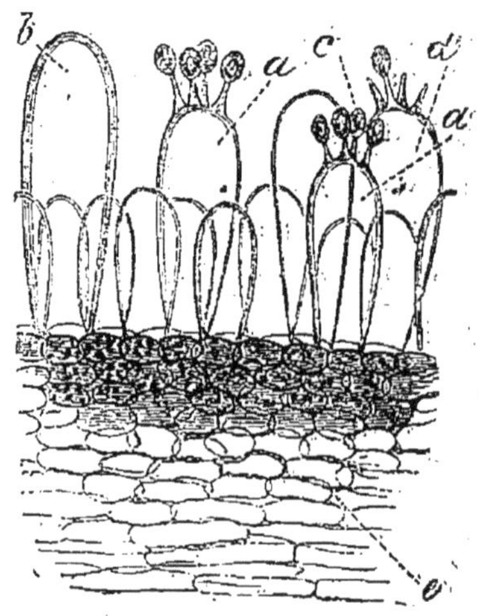

Fig. 9. — Fragment d'hyménium plus fortement grossi; *a* basides; *b*, cistines; *c*, spores; *d*, baside dont les spores se sont détachées.

première vue les champignons vénéneux des comestibles.

24. — **Ascomycètes.** — Les ASCOMYCÈTES sont caractérisés par l'existence de spores endogènes. On appelle *asque* ou *thèque* le sac dans lequel se forment les spores. Le plus ordinairement, il se fait huit spores dans une asque et elles arrivent en même temps à maturité.

Dans la famille des *Tubéracées* ou truffes on ne connaît qu'une seule sorte de spores, celles qui se forment dans les asques ; mais en général les ascomycètes ont chacun plusieurs formes de spores, qui prennent naissance dans des appareils de formes très diverses et à des époques ou dans des conditions différentes, de sorte que l'on a pu croire, pendant longtemps, que les différents appareils d'une même espèce étaient autant d'espèces différentes.

Cela est arrivé, par exemple, pour une sorte de moisissure d'un vert sombre que l'on observe souvent sur le cuir qui, depuis longtemps, séjourne dans un endroit humide. L'appareil fructifère de cette moisissure est formé d'un tube cloisonné, dressé sur le mycélium et terminé par une tête renflée sur laquelle s'attachent des chapelets de grains dont chacun est une spore. On donnait autrefois à ce système le nom d'*Aspergillus glaucus*. Quand cette moisissure se développe dans un endroit où l'air n'arrive qu'avec peine, on trouve souvent à côté d'elle de petites boules, d'un jaune d'or, qui sont remplies d'asques contenant chacune huit spores ; on donnait à cette seconde production le nom d'*Eurotium repens*. Depuis on a reconnu que les boules d'*Eurotium* sont produites par le même mycélium que

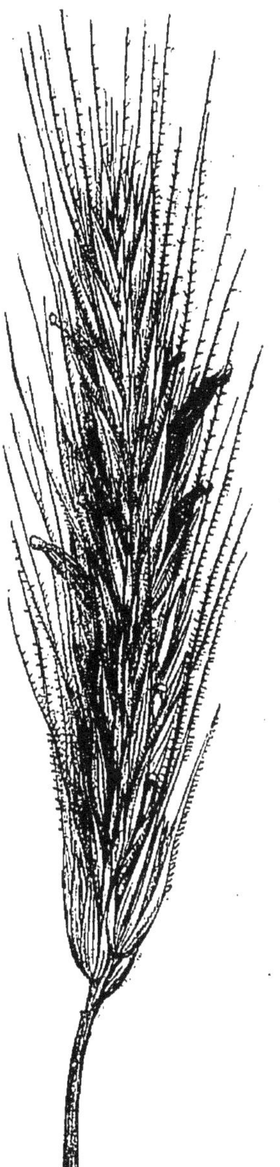

Fig. 10. — Épi de seigle avec plusieurs ergots.

l'Aspergillus ; ce ne sont pas deux espèces, mais simplement deux organes de la même plante.

25. — Un des plus remarquables parmi les Ascomycètes qui possèdent plusieurs formes d'organes reproducteurs, est le champignon qui en envahissant la fleur du seigle donne lieu à la production connue sous le nom d'*Ergot de Seigle* (fig. 10). La jeune fleur où ce parasite commence à se développer laisse voir, entre ses organes, une masse blanche (fig. 11), qui est toute couverte de spores microscopiques. Un peu plus tard, elle offre un corps brunâtre ressemblant un peu à un grain de seigle, mais plus long et un peu courbé, c'est là ce que l'on nomme l'ergot. Ce corps est constitué par un amas de filaments mycéliens, c'est un *sclérote*. Si, après les avoir laissés en repos quelques semaines, on place des ergots de seigle sur du sable humide, il se développe sur leur surface de petits corps cylindriques terminés chacun par une tête sphérique, ce sont les fructi-

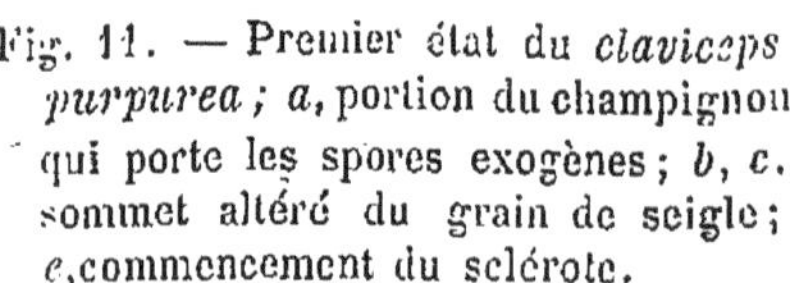

Fig. 11. — Premier état du *claviceps purpurea* ; *a*, portion du champignon qui porte les spores exogènes ; *b, c.* sommet altéré du grain de seigle ; *e*, commencement du sclérote.

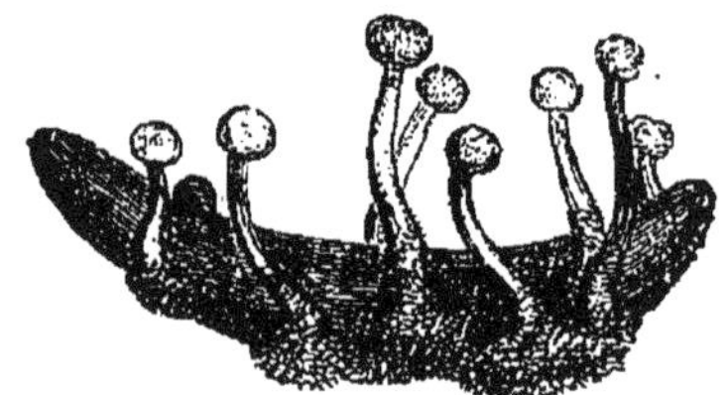

Fig. 12. — Ergot portant des organes de fructification.

fications de l'ergot (fig. 12). En effet, les têtes sphériques sont creusées vers leur surface de cavités en forme de bouteilles, lesquelles sont remplies d'asques contenant chacune huit spores filiformes. Ce champignon a reçu le nom de *Claviceps purpurea* (fig. 13 et 14). Les spores blanches qu'il forme au commencement de sa végétation, correspondent aux spores en chapelet de l'*Aspergillus glaucus* ; celles qui se produisent à la fin de la végétation, dans les asques, représentent les spores de l'*Eurotium repens*.

Un grand nombre de champignons du même ordre vivent sur les plantes mortes ou vivantes et même sur les animaux vivants.

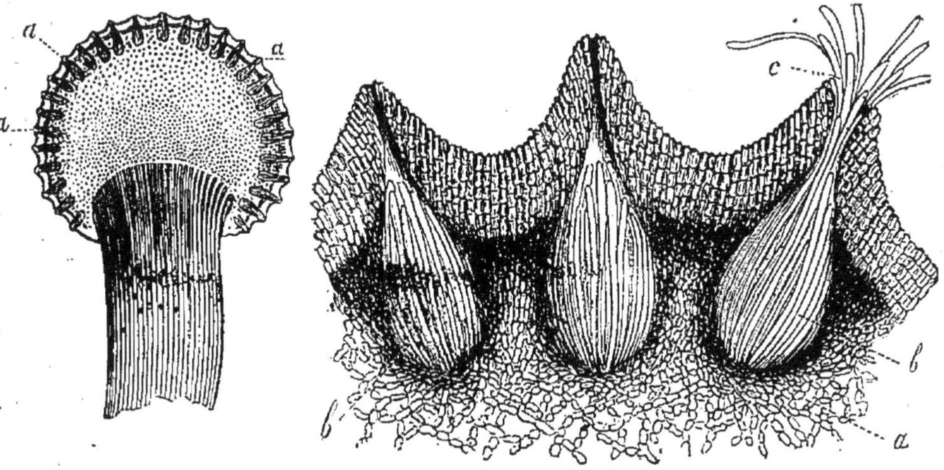

Fig. 13. — Tête de claviceps coupée longitudinalement et grossie; *a* périthéces.

Fig. 14. — Portion de la figure précédente plus grossie; *a*, tissu du champignon; *b*, asque encore jeune; *c*, spores sortant des asques.

26. — Mais parmi les Ascomycètes il y a un groupe remarquable qui a été considéré quelquefois comme formant une classe à part et désigné sous le nom de *Lichens*.

Fig. 15. — *Parmelia parietina;* *a*, apothécie.

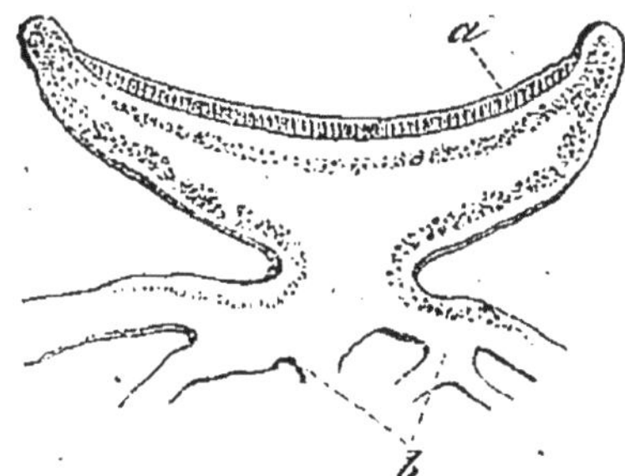

Fig. 16. — Coupe verticale d'une apothécie; *a*, hyménium.

Les *Lichens* se trouvent sous forme de membrane ou de croûte à la surface des écorces d'arbres, des pierres et même sur du verre. Ils s'écartent donc des champignons qui vivent toujours en parasites sur des matières organisées; toutefois ils s'en rapprochent par la forme et le mode de développement de leurs organes de fructification. Ceux-ci, que l'on nomme des *apothécies*, ont, le plus souvent, la forme d'une coupe circulaire très évasée rattachée par un pied étroit à la surface du thalle (fig. 15 et 16). La surface supérieure de cette coupe constitue l'hyménium ; elle est formée de filaments stériles ou *paraphyses* (fig. 17 *b*), entremêlés d'asques qui, la plupart du temps, contiennent huit spores. Par sa base, le tissu de l'apothécie se continue avec le thalle, comme ont le voit (fig. 17) ; il se compose de filaments incolores semblables au mycélium d'un champignon (*d*) entremêlés de globules verts, les *gonidies*, qui ont toute la structure des algues unicellulaires.

Un lichen est formé en effet d'un champignon et d'une algue étroitement associés ; grâce à la présence de cette dernière, qui peut assimiler le carbone contenu dans l'air sous forme d'acide carbonique, le champignon peut vivre sans être parasite sur une substance organique.

Les lichens paraissent jouer un grand rôle en attaquant la surface des rochers qu'ils réduisent en terre arable. Quelques espèces sont plus directement utiles a l'homme, c'est un lichen (*Cladonia rangiferina*) qui, dans les régions de l'extrême nord, forme

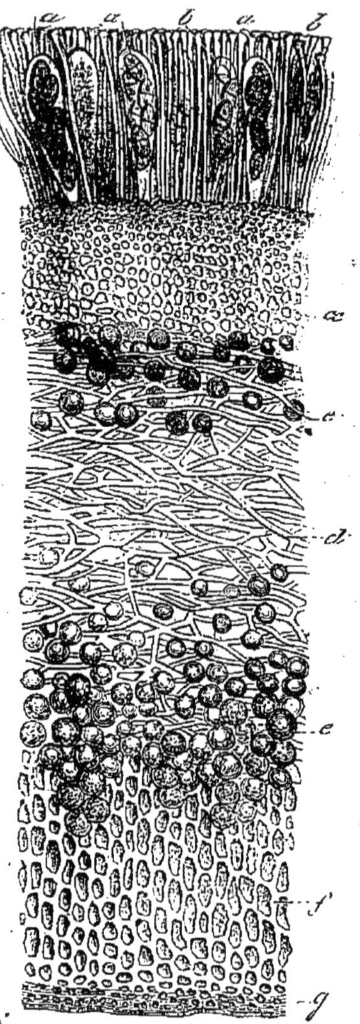

Fig. 17.—Portion de la précédente très-grossie ; *a* tête contenant les spores ; *e* gonidies.

la principale nourriture du renne, l'auxiliaire indispensable de l'homme dans ces contrées. Le lichen d'Islande est employé en pharmacie ; d'autres fournissent des matières tinctoriales.

CLASSE II

LES ALGUES

27. — Caractères généraux. — Les *Algues* sont des végétaux ordinairement aquatiques ou tout au moins habitant les lieux humides tels que le pied des murs, l'écorce des arbres, le creux des rochers. Beaucoup d'espèces ne vivent que dans l'eau de mer, d'autres sont propres aux eaux douces. Toutes les *Algues* contiennent de la chlorophylle. Quand cette substance est pure, elle donne à la plante une teinte verte franche, mais souvent les algues sont au contraire d'un vert bleuâtre, ou même rouges ou jaunes. Ces colorations sont dues à des matières qui viennent s'ajouter à la chlorophylle et qui la dissimulent pour notre œil sans en altérer sa propriété fondamentale de décomposer l'acide carbonique sous l'influence de la lumière solaire.

L'appareil végétatif des *Algues* se réduit dans certaines espèces à une seule cellule de fort petite dimension et de forme variable ; sphérique chez les *Protococcus* et les *Palmella*, cette cellule unique a chez les *Diatomées* l'apparence d'une tablette à contour varié. L'organisation commence à se compliquer chez les espèces filamenteuses dont le thalle simple ou rameux est constitué par une série de cellules placées bout à bout, ex. *Œdogonium*, *Conferva*. Dans les *Ulves*, communes sur les bords de la mer, le thalle constitue une membrane mince, plane ou plus ou moins ondulée. Enfin le plus haut degré de complication est la formation de corps comprenant plusieurs couches de cellules dans toutes les directions. Ces corps peuvent rarement présenter des parties cylindriques qui ne sont pas sans ressemblance extérieure avec des tiges, et des parties aplaties qui rappellent l'aspect des feuilles.

La classe des Algues se divise, d'après le mode de reproduction, en quatre ordres :

1° *Les Protophycées ;*

2° *Les Zygophycées ou algues conjuguées ;*

3° *Les Oophycées.*

4° *Les Carposporées.*

28. — Protophycées. — Les PROTOPHYCÉES comprennent les algues chez lesquelles on n'a pas observé de reproduction sexuée ; quelques-unes d'entre elles sont colorées en vert pur, mais le plus grand nombre ont une couleur d'un vert bleuâtre.

Les principaux genres que l'on ait à signaler dans ce groupe sont ceux : des *Oscillaires*, algues filamenteuses, communes sur le fond des ruisseaux à cours peu rapide, et curieuses par le mouvement de balancement saccadé qui agite constamment leurs filaments ; puis les *Nostocs* qui forment, sur la terre humide des allées de jardin, des masses gélatineuses arrondies dans lesquelles le microscope fait découvrir des chapelets de cellules vertes.

29. — Zygophycées. — Dans les ZYGOPHYCÉES il existe toujours des spores résultant de cette fécondation imparfaite que l'on nomme *conjugaison*, et où les deux cellules, qui se mélangent pour former la spore, sont semblables entre elles.

Les ZYGOPHYCÉES se subdivisent en plusieurs familles dont les principales sont :

Les *Zygnémacées* qui forment de longs filaments non ramifiés vivant dans les eaux douces. Les filaments sont subdivisés en cellules par des cloisons transversales, et, au moment de la conjugaison, deux filaments placés l'un à côté de l'autre se mettent en rapport par des tubes latéraux qui relient les cellules placées en regard l'une de l'autre ; puis le contenu de l'une des cellules se met en mouvement pour aller se confondre avec le contenu de l'autre. Quand la fusion est

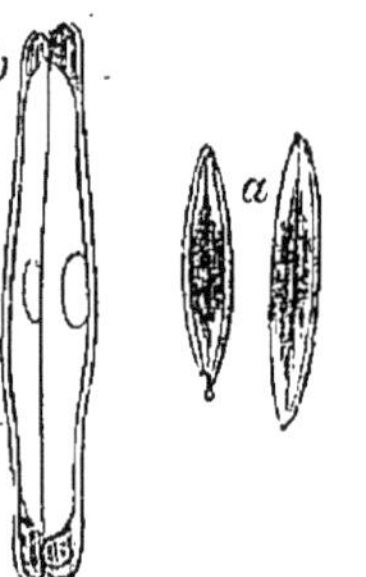

Fig. 18. — Diatomées :
a, Navicula viridis ;
b, Frusticlia viridula.

complète, la spore s'entoure d'une membrane propre et
passe à l'état de repos. Après un certain temps elle peut
germer et donner un filament nouveau.

Les *Diatomées* (fig. 18) vivent soit dans les eaux douces,
soit dans l'eau de mer; elles sont colorées en jaune brun
par une matière superposée à la chlorophylle, et formées
d'une seule cellule. La membrane de la cellule est impré-
gnée de silice qui lui communique une grande dureté et la

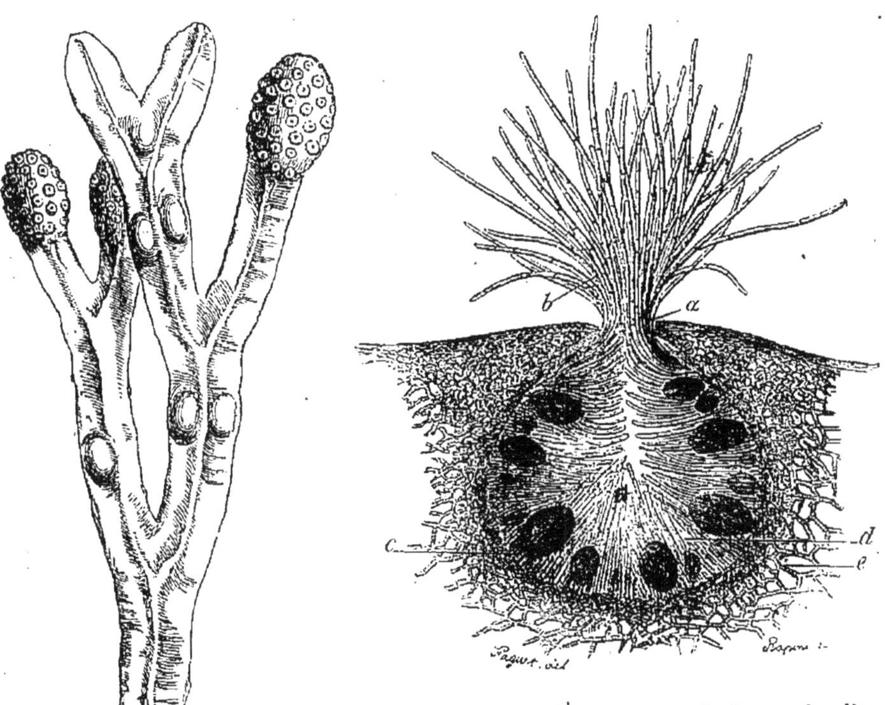

Fig. 19. — Extrémité du thalle
de *Fucus vésiculosus*.

Fig. 20. — Coupe d'un conceptacle hermaphrodite
de *Fucus platycarpus*; a, ouverture du conceptacle, de laquelle sortent des poils b; c, oogones;
d, poils à anthéridies; e, tissu de l'algue.

rend imputrescible. Les carapaces des Diatomées ont pu
se conserver à l'état fossile; des amas considérables de ces
carapaces sont exploités pour fournir le *tripoli*. Les Diatomées se multiplient par division des individus; elles peuvent en outre fournir des spores formées par conjugaison.

30. — **Oophycées.** — Les OOPHYCÉES sont des algues marines ou d'eaux douces qui possédent la fécondation pro-

prement dite. Nous pouvons prendre pour type de cet ordre le groupe des *Fucus*, dans lequel la fécondation est très bien connue depuis les découvertes de Thuret.

Ce sont de grandes algues marines, brunâtres, à thalle rameux (fig. 19). Les organes de la reproduction sont placés dans des cavités creusées sur les parties épaisses qui terminent les rameaux du thalle ; ces cavités nommées *conceptacles* (fig. 20) ; communiquent avec l'extérieur par une ouverture étroite, en partie fermée par un bouquet de poils. Dans l'espèce représentée ici, chaque conceptacle contient les deux sortes d'organes sexuels; il est hermaphrodite. Beaucoup d'autres espèces, au con-

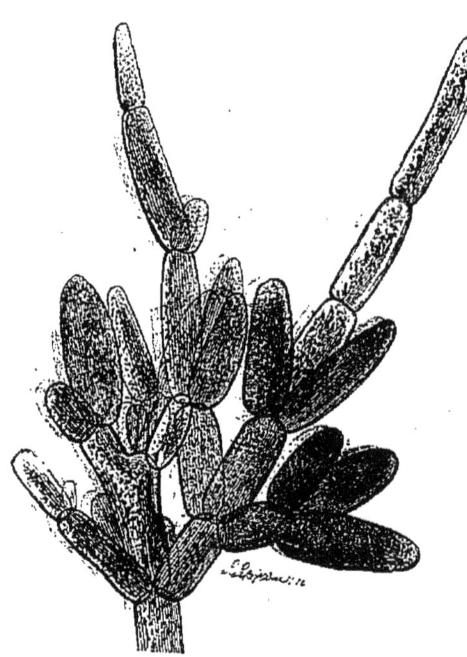

Fig. 21. — Poils à anthéridies beaucoup plus grossis.

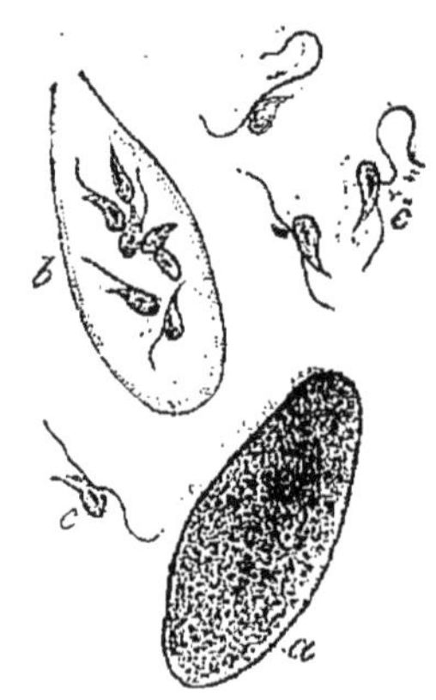

Fig. 22. — *a*, Anthéridie non mûre; *b*, anthéridie mûre en train de se vider; c anthérozoïdes en mouvement.

traire, ont des conceptacles unisexués. Les organes femelles ou *oogones* (fig. 20, *c*) sont des cellules ovoïdes contenant une ou plusieurs masses protoplasmiques dépourvues d'enveloppe et nommées *oosphères*. Des organes mâles ou *anthéridies* ont des cellules beaucoup plus petites que les précédentes, et portées en assez grand nombre sur les poils rameux (fig. 21) qui tapissent l'intérieur du conceptacle. A la maturité, ces cellules s'ouvrent et laissent échapper des *anthérozoïdes* (fig 22 *c*), petits corps munis de deux cils, continuellement en mouvement dans le liquide. Les oosphères sorties de l'oogone et livrées à elles-mêmes se décomposent sans germer. Si, au contraire, des anthérozoïdes

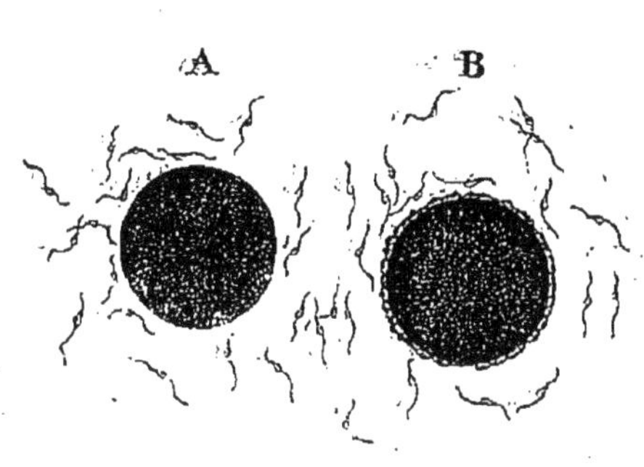

Fig. 23. — Fécondation du *Fucus vesiculosus.*

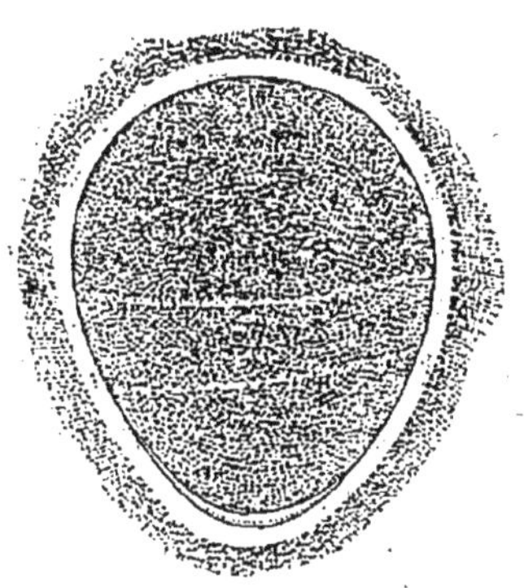

Fig. 24. — Spore de *fucus* en germination.

viennent jusqu'à elle (fig. 23), l'oosphère est fécondée, elle grossit, se divise (fig. 24) et produit une plante nouvelle.

Il existe beaucoup d'autres espèces présentant le même mode de fécondation que les Fucus, et possédant, en outre, des corps reproducteurs formés sans fécondation ; on donne à ces derniers le nom de *zoospores*. Ce sont des corps

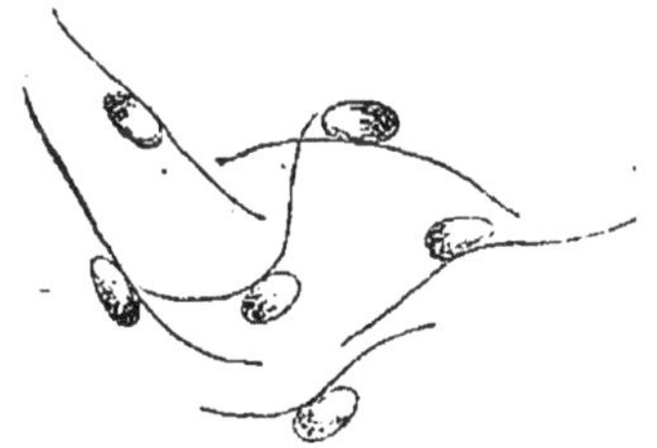

Fig. 25. — Zoospores en mouvement.

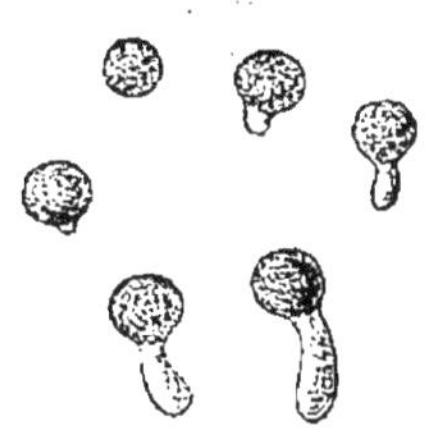

Fig. 26. — Zoospores arrivés à l'état de repos et commençant à germer.

mobiles (fig. 25) au moyen de deux cils vibratiles. Après avoir nagé un certain temps dans le liquide, ces zoospores perdent leurs cils, s'arrondissent et germent (fig. 26).

31.—**Carposporées.**—Les CARPOSPORÉES sont des algues à reproduction sexuée, chez lesquelles l'organe femelle contient, outre l'oosphère qui en est la partie essentielle, des parties accessoires plus ou moins compliquées. On y distingue deux familles importantes : les Floridées et les Characées.

Les *Floridées* sont pour la plupart des algues marines souvent colorées en rouge vif et présentant l'aspect de petits buissons à ramifications nombreuses et très élégantes. Leurs spores asexuées sont immobiles et groupées quatre par quatre. Elles possèdent aussi une reproduction sexuée, mais, par une exception remarquable, leurs anthérozoïdes sont immobiles. L'organe femelle diffère également de ce qui a été décrit plus haut.

Enfin les *Characées*, plantes d'eau douce, à tige grêle souvent incrustée de carbonate de chaux et munie de distance en distance de rayons que l'on pourrait comparer à des feuilles, sont remarquables par la complication de leurs appareils sexuels, la forme de leurs anthérozoïdes et la dimension de leurs spores. Elles n'ont pas de reproduction asexuée.

GROUPE II

MUSCINÉES

CARACTÈRES GÉNÉRAUX

32. — Les *Muscinées* sont des plantes toujours vertes généralement terrestres et pour la plupart pourvues d'une tige portant des feuilles distinctes ; ce qui les sépare nettement du groupe des Thallophytes.

Elles n'ont pas cependant de véritables racines et puisent leurs aliments dans le sol au moyen de simples poils. Enfin leur tissu, uniquement composé de cellules, manque de vaisseaux. Ces deux derniers caractères les distinguent des deux groupes suivants.

Au point de vue de la reproduction les *Muscinées* sont également bien caractérisées par l'existence d'une alternance régulière de génération sexuée et asexuée. Pour bien préciser la signification de ce terme nous allons étudier le développement d'une mousse des plus communes : le *Polytrichum commune.*

33. — **Génération sexuée.** — Les individus qui, dans cette espèce, forment la génération sexuée, se composent d'une tige dressée verticalement, toute couverte de feuilles étroites, aiguës. Si l'on en recueille un certain nombre au commencement de l'été, on voit que les uns se terminent par une rosette de feuilles plus serrées, plus larges que les feuilles normales et colorées en rouge brun : ce sont les pieds mâles (fig. 27). D'autres ont l'extrémité supérieure plus effilée et verte, ce sont les pieds femelles (fig. 28).

On trouve, entre les feuilles supérieures des pieds mâles,

des organes en forme de sacs allongés (fig. 29), qui sont remplis de corpuscules mobiles ou *anthérozoïdes*. Les an-

Fig. 27. — Pieds mâles de *Polytrichum commune*. Dans *a* la tige se termine par une rosette de feuilles entre lesquelles sont situées [les anthéridies. Dans *b*, une nouvelle pousse, partant du centre de la rosette, continue la tige.

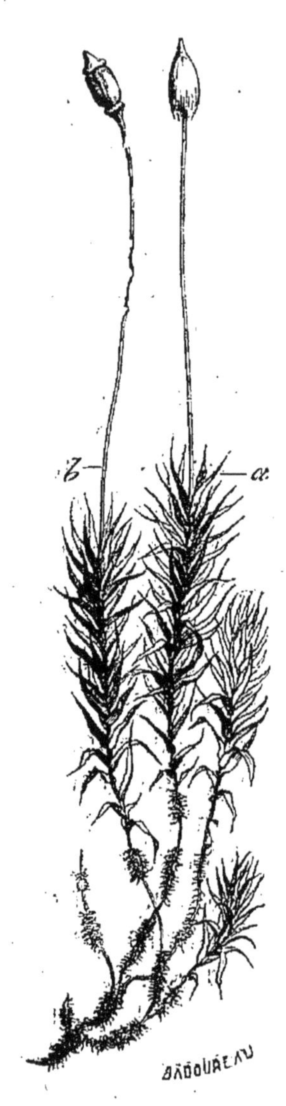

Fig. 28. — Pieds femelles de *Polytrichum commune*, terminés par des urnes; *a*, avec la coiffe; *b*, sans la coiffe.

thérozoïdes (fig. 30), ont la forme d'un fil enroulé en spirale et muni de deux cils à l'une de ses extrémités. Ces sacs sont des *anthéridies*, et leur réunion forme la fleur mâle de la mousse.

Sur les pieds femelles on trouverait, également entre les feuilles qui terminent la tige, un organe spécial, en forme de bouteilles, que l'on nomme une *archégone* (fig. 31). La portion renflée, ou ventre de l'archégone contient une *oosphère* qui abandonnée à elle-même ne peut jamais se développer. Pour que l'oosphère se développe, il faut que des anthérozoïdes s'introduisent dans le col de l'archégone et

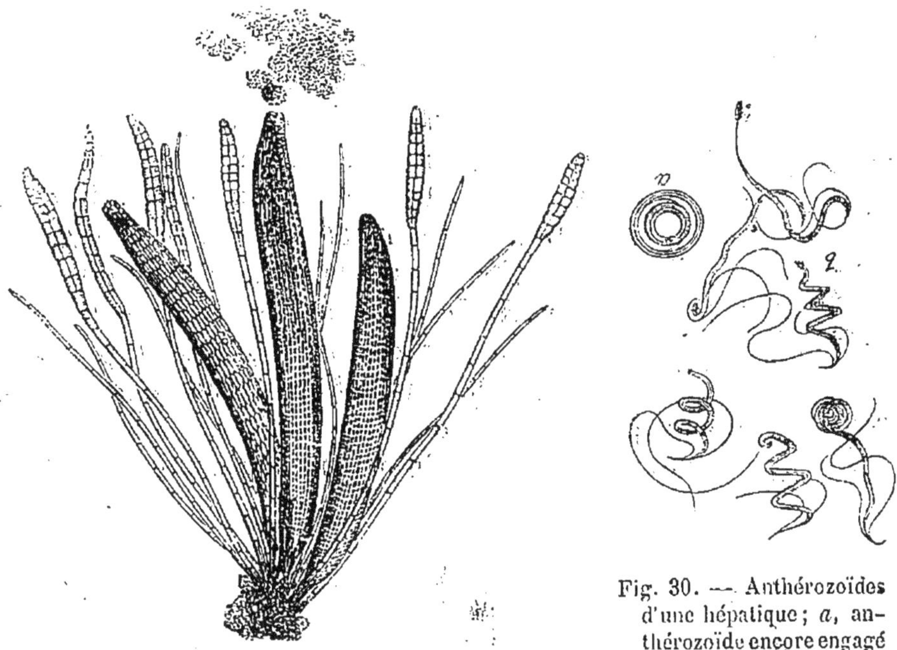

Fig. 29. *Polytrichum commune*. Paraphyses et anthéridies émanant des anthérozoïdes.

Fig. 30. — Anthérozoïdes d'une hépatique; *a*, anthérozoïde encore engagé dans sa cellule-mère; *b*, anthérozoïdes libres.

arrivent jusqu'à l'oosphère. Si cette circonstance se présente l'oosphère fécondée germe, mais elle produit en germant un corps tout différent de celui qui lui a donné naissance.

34. — Génération asexuée. — En effet le résultat de la germination est un corps d'abord cylindrique et contenu dans l'archégone légèrement accru, mais qui plus tard s'allonge beaucoup et qui, soulevant la partie supérieure de l'archégone, finit par rompre cette enveloppe. Ce corps se nomme le *sporogone*; il s'implante par sa base dans le tissu de la mousse et lui emprunte des sucs nourriciers, mais c'est cependant un individu distinct. Quand le sporogone a achevé son développement il présente une tige grèle surmontée d'un renflement nommé l'*urne*. D'ordinaire l'urne est recouverte par la portion d'archégone qui a été soulevée pendant le développement du sporogone : c'est la *coiffe*. L'urne enfin s'ouvre par une fente circulaire qui détache la partie supérieure comme un opercule. On voit alors que l'urne contient une poussière verte très fine dont les grains sont autant de spores, formées par le sporogone sans aucune fécondation. Ces spores mises sur la terre humide germent en filaments allongés et ramifiés sur lesquels se produisent çà et là des bourgeons qui se développent pour donner de jeunes plants de Polytric semblables à ceux que nous avons pris pour point de départ.

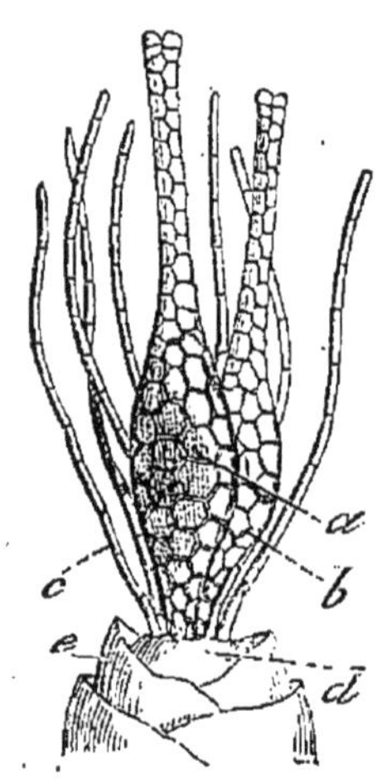

Fig. 31. — Organe femelle d'une mousse *a, b*, archégone; *d*, sommet de la tige.

- Ces filaments portent le nom de *protonéma*. On voit donc

Fig. 32. — Urne de *Polytrichum commune* avec sa coiffe couverte de poils.

Fig. 33. — La même dépouillée des poils, mais conservant un fragment de coiffe *d*; *c*, opercule, *b*, urne.

Fig. 34. — La même l'opercule détaché; *a* péristome.

que la plante feuillée portant les organes de fécondation mérite le nom de génération sexuée, tandis que le sporo-

gone est la génération asexuée. On voit en outre que ces
générations alternent l'une avec l'autre, le sporogone naissant de la plante feuillée, et celle-ci sortant des spores du
sporogone par l'intermédiaire du *protonéma*.

Les Muscinées se partagent en deux classes : les HÉPA-
TIQUES et les MOUSSES.

CLASSE III

LES HÉPATIQUES

35. — Caractères généraux. — Cette classe comprend un assez grand nombre d'espèces, toujours de petite dimension, vivant dans les endroits frais et ombragés, quelquefois même tout à fait aquatiques. Dans la majorité des genres l'appareil végétatif de la génération sexuée est une lame de tissu, plane ou plissée, ayant l'apparence d'un thalle d'algue (*Metzgeria, Aneura, Lunularia*) (fig. 35). Dans la famille des Jungermanniées on trouve, au contraire, des plantes formées d'une tige pourvue de petites feuilles (*Frullania, Radula*).

Le sporogone ou génération asexuée se termine par une urne qui, à la maturité, s'ouvre en quatre valves en général pourvues de filaments qui contribuent à la dissémination des spores.

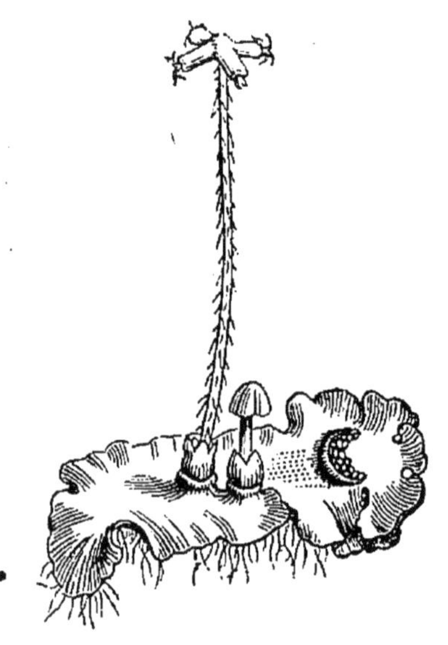

Fig. 35. — *Lunularia vulgaris.*

Vu le peu d'importance de ces plantes dans la nature, et leur défaut complet d'application dans les arts, nous ne nous y arrêterons pas plus longtemps.

CLASSE IV

LES MOUSSES

36. — **Caractères généraux.** — Ces plantes se plaisent comme les précédentes dans les lieux humides ; les *Sphagnum* vivent même dans les marécages où ils se décomposent après leur mort, pour donner la tourbe. Toutefois quelques espèces peuvent vivre dans des lieux très secs, sur les toits ou sur les murs : elles ne végètent que par les temps de pluie ; quand l'air est sec pendant quelques jours de suite, leur vie est suspendue pour reprendre son cours au retour de l'humidité.

L'appareil végétatif est toujours feuillé et jamais en forme de thalle. Quant à la génération asexuée, elle se distingue de celle des Hépatiques par le mode d'ouverture de l'urne au moyen d'un *opercule* qui se détache circulairement. Après la chute de l'opercule, les bords de l'urne sont occupés par une ou deux séries de dents aiguës que l'on nomme le *péristôme* (fig. 36).

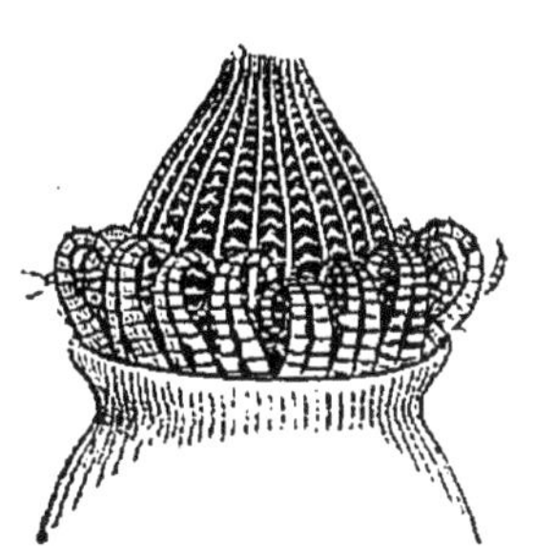

Fig. 36. — *Fontinalis antipyretica*, péristôme double.

Les principaux genres de mousses sont avec les *Sphagnum* cités plus haut : les *Bryum*, *Polytrichum* et *Hypnum*. Ces plantes n'ont pas d'applications importantes ; cependant, en raison de la résistance de leurs tissus à la pourriture, on les emploie quelquefois pour remplir les joints des constructions en bois plongeant dans l'eau.

DEUXIÈME PARTIE

PLANTES VASCULAIRES

CARACTÈRES GÉNÉRAUX

37. — Les plantes dont nous nous sommes occupés, jusqu'ici ne contiennent qu'une seule forme d'éléments anatomiques : les cellules. Celles qu'il nous reste à étudier possèdent, au contraire, des tissus variés comprenant, outre les cellules, ces formations particulières que nous avons appelées des vaisseaux. A cette complexité plus grande des tissus correspond une plus grande variété des organes, et, si nous considérons l'appareil végétatif dans ces plantes, nous verrons qu'il est généralement formé de trois sortes d'organes : la racine, la tige et la feuille, dont nous allons étudier en détail les modifications.

38. — **Racine.** — La *racine* est cette partie de la plante qui se dirige habituellement vers le centre de la terre, en sens contraire de la tige, et qui a pour fonction d'absorber l'eau chargée de sels dont la plante a sans cesse besoin. Dans quelques cas particuliers la direction et même les fonctions de la racine peuvent être changées, comme nous le verrons tout à l'heure. La racine se lie à la tige par une région nommée *collet*. C'est cette partie que l'on regarde comme la base de la racine, tandis que sa pointe libre est le sommet.

La racine existe déjà dans l'embryon, où elle porte le nom de *radicule*. Cette radicule s'allonge pendant la germination et constitue la racine principale ou *primaire* ; elle peut se ramifier, et les rameaux qu'elle produit sont des *radicelles*. Quand la racine primitive reste beaucoup plus forte. et plus longue que les radicelles, on la dit *pivotante*, ex. : la *carotte* (fig. 37). On appelle au contraire racines *fasciculées* ou *fibreuses* celles qui sont nombreuses et réunies en paquet, à peu près égales entre elles et où l'on ne peut, en aucune façon, distinguer la racine primitive, ex. : le *blé* (fig. 38) ; nous verrons que les ra-

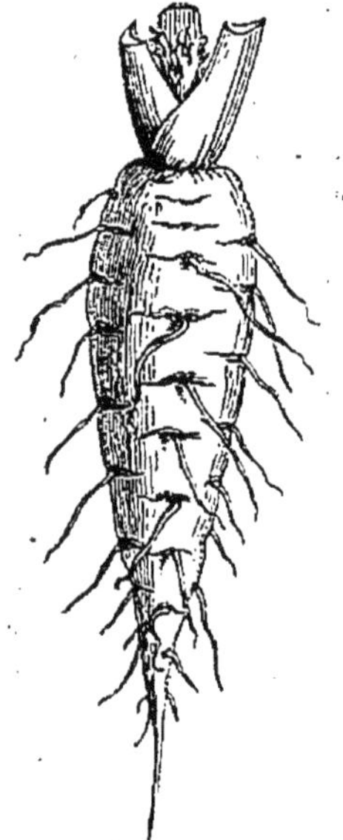

Fig. 37. — Racine pivotante. de carotte, avec les radicelles disposées en files verticales, et sortant chacune d'une cicatrice transversale de l'écorce.

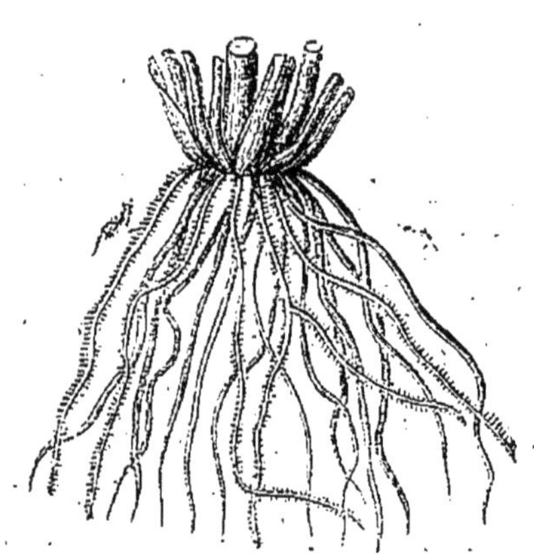

Fig. 38. — Racine fibreuse de blé

cines fasciculées ont une toute autre origine que les racines pivotantes. Les radicelles prennent naissance sur le pivot dans un ordre et à des places déterminées ; les plus anciennes sont toujours les plus rapprochées de la base, et les plus jeunes celles qui sont voisines du sommet ; les insertions des radicelles forment sur la surface de la racine deux ou plusieurs lignes droites allant de la base au sommet, en dehors de ces lignes il nese produit pas de radicelles. Les radicelles prennent naissance à l'intérieur de la racine primaire et leur sommet doit perforer toute l'écorce du pivot pour parvenir à l'extérieur.

39. — Outre le système issu de la radicule, beaucoup de plantes possèdent des racines nées de la tige et que l'on nomme *racines adventives;* celles-ci jouissent des mêmes propriétés que les pivots et peuvent les remplacer complètement. C'est

ainsi que les racines fasciculées de la *jacinthe* (fig. 40) ne sont que des racines adventives nées de la portion de tige qui occupe la base du bulbe de cette plante. Les *coulants* du fraisier portent également aux nœuds des racines adventives nées de la tige, etc.

Les racines pivotantes ou adventives peuvent, dans certaines espèces, prendre un développement considérable et acquérir la forme de *tubercules;* c'est ce que l'on constate chez le *Dalhia*, les *Orchis*, etc. (fig. 39). Ce renflement est

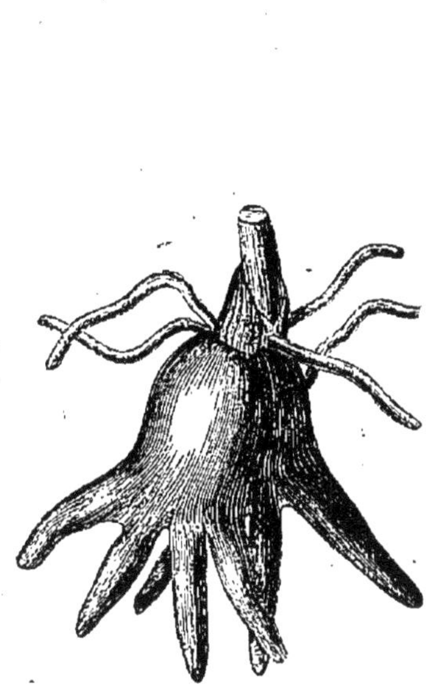

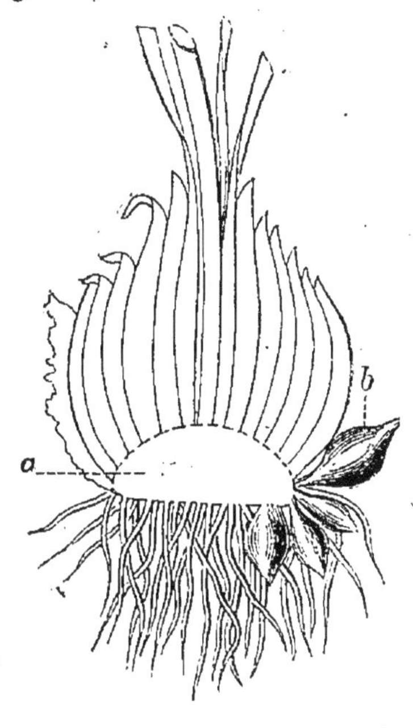

Fig. 39. — Racine tuberculeuse d'Orchis.

Fig. 40. — Coupe verticale d'un bulbe tuniqué de Jacinthe; *a* tige; *b* caïeu.

en général accompagné d'une augmentation du tissu cellulaire, en sorte que la racine devient plus molle et souvent comestible.

La racine s'allonge uniquement par son extrémité libre, elle ne porte jamais de feuilles, ni d'écailles d'aucune sorte. Ces caractères peuvent toujours la faire distinguer de la tige, même quand elle n'a plus sa situation ordinaire.

Nous avons déjà dit, en effet, qu'il existe des racines qui ne s'enfoncent pas dans le sol. Telles sont les racines *aériennes* des Orchidées, Aroïdées etc. Le Lierre porte sur presque toute la longueur de sa tige des racines adventives qui ne pénètrent pas dans les écorces ou les rochers que recouvre la plante ; ces sortes de crampons se soudent simplement à leur support et servent uniquement à soutenir la tige. Chez la Cuscute, le Gui et autres phanérogames parasites, les racines s'enfoncent dans les tissus de la plante envahie et prennent par suite des formes toutes spéciales.

40. — **Tige.** — La *tige* est la partie de l'axe végétal qui en général s'élève vers le ciel et porte les feuilles. Ce dernier caractère seul est constant, car la direction, la forme, la consistance sont encore plus variables pour les tiges que pour les racines.

La tige existe déjà toute formée dans l'embryon où elle a la forme d'un petit cylindre, qui, d'un côté se continue par la radicule, de l'autre se termine entre les petites feuilles qui forment la *gemmule*. Dans un grand nombre de cas cette tige, au moment de la germination, s'allonge en conservant sa forme cylindrique et devient l'axe primaire du végétal ; les feuilles du bourgeon terminal s'accroissent et s'ouvrent, et, en même temps, le système s'augmente de *rameaux* qui ont des organes semblables à la tige, formés et portés par elle. Cependant le sommet de la tige produit incessamment de nouveaux tissus qui allongent toujours la tige, tandis que de nouvelles feuilles se forment autour du sommet sans cesse rajeuni ; on nomme l'ensemble de ces jeunes tissus le *point végétatif.*

Le caractère essentiel de la tige est de porter des feuilles. Sans examiner pour le moment la constitution de celles-ci, nous devons tenir compte, pour nous faire une idée de la tige, des rapports qu'elle a avec les feuilles.

On appelle *nœud* la région où la tige porte une ou plusieurs feuilles, et *entre-nœud* l'espace compris entre deux nœuds consécutifs. Dans le bourgeon terminal les entre-nœuds sont très-courts, quelquefois ils restent à cet état et les feuilles recouvrent entièrement, par leurs bases rapprochées, la surface de la tige ; les tuniques de l'oignon d'une jacinthe se comportent ainsi par rapport à la très courte tige qui forme le plateau de ce bulbe. Plus souvent les entre-nœuds s'allongent et séparent nettement les feuilles les unes des autres.

41. — Bourgeons. — La ramification des tiges se ʃait chez les Phanérogames par le moyen des *bourgeons axillaires*. Si l'on examine, sur une branche de peuplier, l'*aisselle* d'une feuille, c'est-à-dire le sommet de l'angle compris entre la branche et la feuille, on y trouvera un ou plusieurs *bourgeons*, dits *axillaires* (fig. 41) pour les distinguer du bourgeon terminal auquel ils ressemblent d'ailleurs beaucoup par leur structure et leurs propriétés. Le bourgeon axillaire est formé d'une ébauche de rameau portant de jeunes feuilles ; il est susceptible de se développer et de produire un rameau inséré sur la tige principale. Comme le rameau est constitué de la même façon que la tige, il portera lui-même des feuilles et des bourgeons axillaires qui pourront à leur tour se développer en rameaux de second ordre et produire enfin cet ensemble compliqué de branches que tous les arbres nous présentent.

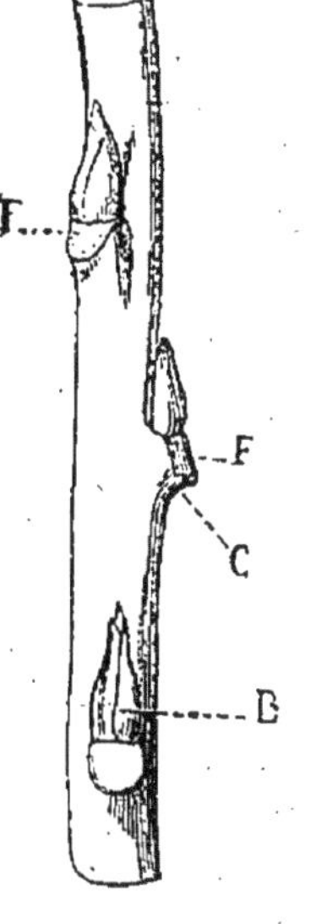

Fig. 41. — Glycine, rameau montrant ses bourgeons après la chute des feuilles.

42. — La ramification des tiges chez les Phanérogames est soumise à deux lois générales :

1º Les bourgeons se forment à la surface même du point végétatif et jamais sous l'écorce. Cette propriété distingue la ramification de la tige, de celle de la racine.

2º Les bourgeons les plus jeunes sont toujours les plus voisins du point végétatif. Cette seconde loi est générale aussi, bien qu'elle paraisse, au premier abord, sujette à quelques exceptions. Ainsi on voit, tous les ans, les peupliers d'Italie repousser du pied des rameaux qui semblent plus jeunes que les branches déjà grosses insérées au milieu de la tige. Il faut remarquer, pour se rendre compte de ce fait, qu'un bourgeon ne se développe pas nécessairement aussitôt qu'il est formé ; il peut rester plusieurs années sans pousser et on ne doit pas juger de l'époque de sa formation d'après celle de son développement.

Les seuls bourgeons qui échappent à la loi qui nous occupe, et qui pour ce motif portent le nom de *bourgeons adventifs*, sont ceux qui prennent naissance sur des parties autres que la tige. Ils sont très-rares chez les Phanérogames ; l'exemple le plus connu est fourni par les *Bégonia* dont la feuille peut produire des bourgeons.

43. — La forme générale d'une plante est surtout influencée par la manière dont la tige principale et les branches se développent les unes par rapport aux autres.

Si la tige principale est de beaucoup la plus forte, elle se dégarnit dans le bas et porte au sommet des branches elles-mêmes plusieurs fois ramifiées : on a la forme ordinaire de nos arbres dont le *tronc* supporte une large couronne de feuillage. Les Palmiers ont une tige presque toujours simple et surmontée d'un énorme bouquet de grandes feuilles ; cet ensemble porte le nom de *stipe*.

Si, au contraire, la tige principale ne s'accroît pas plus que les rameaux secondaires, elle devient bientôt impossible à reconnaître au milieu du *buisson* ainsi formé : on dit que la plante est *frutescente*.

Nous avons supposé jusqu'ici que la plante était de nature à donner des tiges dures, consistantes, en un mot *ligneuses ;* beaucoup d'espèces n'arrivent jamais à cet état et sont dites *herbacées* par comparaison avec les herbes des prés qui ont en général la consistance ainsi désignée.

D'autres modifications de l'aspect de la tige peuvent résulter de la direction qu'elle prend. Au lieu de se dresser verticalement la tige peut rester horizontale, soit à la surface du sol, soit même au-dessous de la surface : elle est *couchée* dans le premier cas, *souterraine* dans le second. Les tiges simplement couchées n'offrent de remarquable que leur diamètre faible et leur tendance à pousser des racines adventives.

44. — Les tiges souterraines ou *rhizômes* (fig. 42) sont bien plus profondément modifiées, au point de prendre l'apparence extérieure des racines dont elles sont devenues les

voisines. Toutefois elles conservent le trait essentiel de l'organisation des tiges : elles continuent à porter des feuilles

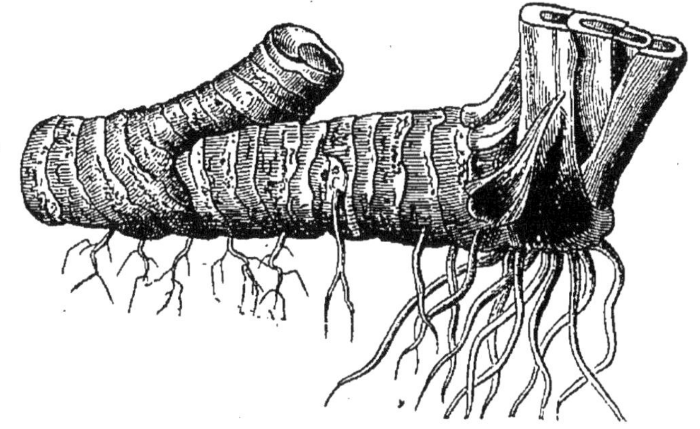

Fig. 42. — Rhizôme d'Iris.

et à l'aisselle de celles-ci des bourgeons; on pourra donc toujours les reconnaître. Il faudra seulement se rappeler que les feuilles souterraines se réduisent à de petites écailles

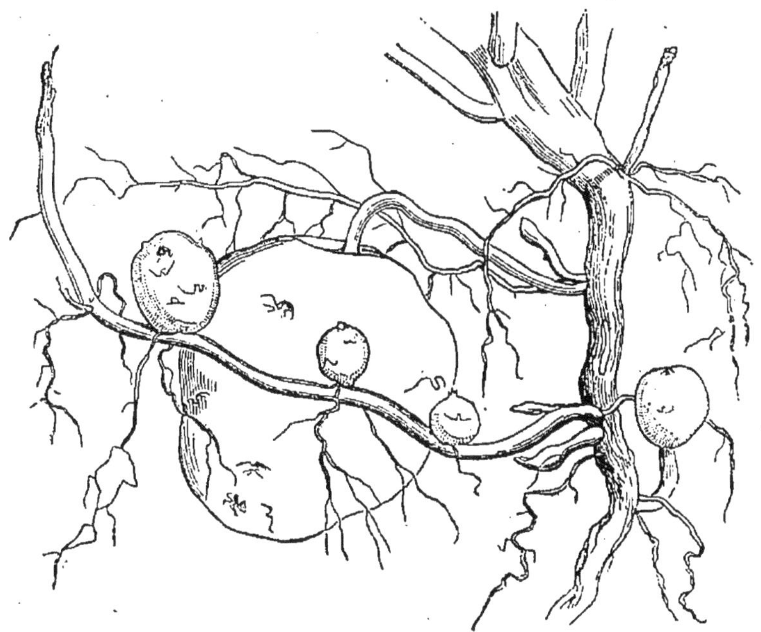

Fig. 43. — Rameau souterrain portant les tubercules (Pomme de terre).

incolores qui, même, disparaissent en général de bonne heure laissant après elles les cicatrices de leurs insertions sur le rhizôme. Les rhizômes ont souvent une consistance plus charnue que les tiges aériennes et même une tendance à se transformer en tubercules comme on le voit dans la pomme de terre (fig. 43). Nous avons dit que les rhizômes portaient des bourgeons; de ces bourgeons les uns se développent de nouveau en branches souterraines et produisent les ramifications du rhizôme, les autres deviennent des branches aériennes portant des feuilles normales et des fleurs. Ces tiges aériennes ne ressemblent en général guère aux rhizômes qui les produisent, leurs entrenœuds sont plus longs, et tandis que les rhizômes ont une grande tendance à produire des racines adventives, les branches aériennes n'en donnent que rarement.

45. — Enfin dans beaucoup de plantes la pousse aérienne ne dure que pendant un été; le rhizôme au contraire a une vie très-longue et chaque année, au printemps, émet une nouvelle pousse, ex. : les *iris*, l'*asperge*, les *pivoines*, etc.

Fig. 44. — Houblon, tige volubile.

Les plantes qui végètent de cette façon sont dites *vivaces par la racine*, expression impropre puisque la partie qui donne les rejetons est bien une tige.

46. — **Plantes volubiles et grimpantes.** — Beaucoup de plantes à tige grêle et trop longue pour se maintenir d'elle-même dans la position verticale cherchent dans les objets voisins un appui solide. Les unes comme les *liserons*, le *houblon* (fig. 44), le *tamus*, obtiennent ce résultat en s'enroulant en hélice autour de leurs supports : ce sont les plantes *volubiles*. L'enroulement se fait par la partie jeune,

encore molle, qui occupe le sommet de la tige. Cette région s'enroule autour du support, puis elle s'endurcit et s'épaissit; elle exerce alors sur son support une pression très-forte et ne risque plus de glisser sur sa surface.

Le mécanisme de l'adhérence au support est tout autre chez les plantes *grimpantes* telles que la *vigne*, les *pois*, le *lierre*. Chez ce dernier, la tige et ses ramifications ne s'enroulent plus, mais portent des organes spéciaux qui leur

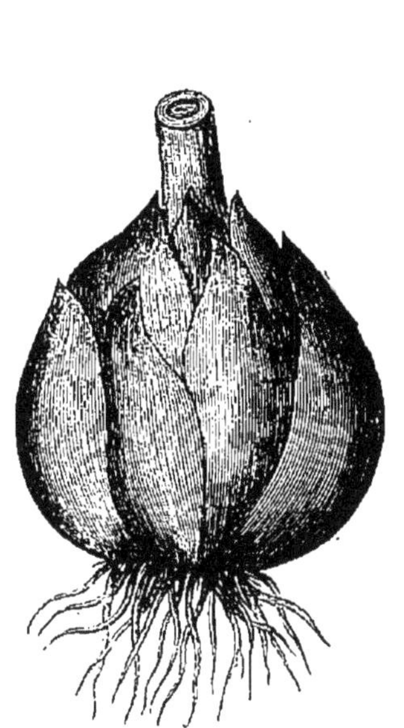

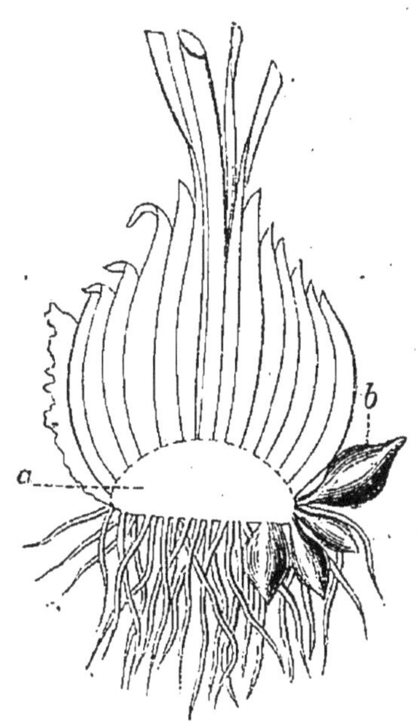

Fig. 45. — Bulbe écailleux de Lis.

Fig. 46.— Coupe verticale d'un bulbe tuniqué de Jacinthe; *a* tige, *b* caïeu.

permettent de se fixer; nous avons déjà dit que ce sont de nombreuses racines adventives qui font l'office de *crampons*. Les *vrilles* de la *vigne* sont au contraire des rameaux, et celles des *pois*, des feuilles transformées.

47. — **Bulbes.** — Nous indiquerons enfin une remarquable forme de tiges, propre surtout aux monocotylédones et désignée sous le nom de *bulbe*. Le bulbe tuniqué de la *jacinthe* (fig. 46) se compose d'une tige très-courte en forme de cône aplati; la base du cône, tournée vers le bas, est plane et porte sur son pourtour de nombreuses racines adventives; la surface latérale sert d'insertion à des feuilles charnues, les

plus inférieures recouvrant celles qui sont insérées plus haut; le sommet se prolonge en une tige cylindrique aérienne terminée par une grappe de fleurs. L'ensemble présente, avant le développement de la hampe florale, une forme à peu près sphérique. Entre les bases des feuilles on trouve des bourgeons qui prennent eux-mêmes la forme de bulbes et que l'on peut détacher pour en faire autant de pieds distincts : ce sont des *caïeux*. Le bulbe des *lis* diffère du précédent parce que les feuilles qui le composent sont étroites et n'entourent plus toute la tige : on lui donne le nom de bulbe *écailleux* (fig. 45). On voit que les bulbes possèdent une structure, au fond, semblable à celle des bourgeons; il n'est donc pas surprenant que les bourgeons axillaires de certaines plantes se transforment en petits bulbes ou *bulbilles* que l'on peut employer comme des caïeux à la multiplication ; cela se voit chez le *lis bulbifère*, la *dentelaire*, etc. Les *bulbes solides* (fig. 47) du *safran*, du *glaïeul* diffèrent des précédents parce que le renflement est dû à l'épaississement de la tige, ils se rapprochent des tubercules.

Nous ne nous occuperons pas pour le moment du mode d'accroissement des tiges en diamètre. C'est un phénomène particulier aux végétaux dicotylédones et conifères. Il vaut mieux en remettre l'étude au paragraphe où nous donnerons les caractères de ces classes.

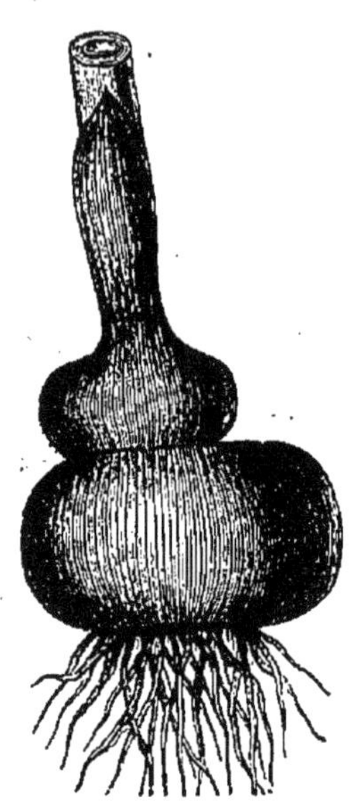

Fig. 47. — Bulbe solide de Glaïeul.

48. — Feuille. — La feuille ne peut être définie que par rapport à la tige, car elle présente de telles modifications dans sa forme, sa structure, ses propriétés et ses fonctions qu'il serait impossible de trouver un caractère qui convînt à toutes les feuilles. Nous dirons donc que toute production de la tige qui ne peut pas être considérée comme une portion de tige est une feuille; encore faudra-t-il ajouter que chez les plantes vasculaires la feuille contient toujours des faisceaux vasculaires. Cette remarque est essentielle pour distinguer les feuilles, des poils, aiguillons et autres productions uniquement formées de cellules qui naissent souvent de la surface de la tige.

Nous distinguerons parmi les différentes sortes de feuilles deux grandes catégories : les *feuilles végétatives* et les *feuilles florales ;* ces dernières, le plus souvent très-profondément modifiées, seront étudiées seulement à propos de la fleur.

Parmi les feuilles végétatives elles-mêmes, nous examinerons d'abord celles que l'on peut considérer comme normales, puis nous indiquerons quelques-unes des transformations qui se produisent pour adapter la feuille à des fonctions spéciales.

49. PARTIES DE LA FEUILLE. —La forme la plus commune chez les feuilles est celle d'une lame mince, plane, et verte, attachée par sa base à la tige, et libre par son sommet. Cette lame porte le nom de *limbe.* Souvent la base se rétrécit en une sorte de queue nommée le *pétiole.* Le pétiole lui-même peut, à son insertion sur la tige, porter deux lames vertes ou membraneuses nommées *stipules ;* dans d'autres cas il s'élargit en une *gaîne* qui embrasse la tige sur une plus ou moins grande largeur. La feuille se trouve ainsi partagée en trois régions : l'une basilaire formée par la gaîne ou les stipules ; la seconde, moyenne, formée par le pétiole ; la troisième enfin formée par le limbe. Chacune de ses trois portions peut manquer ; il est surtout très-fréquent de rencontrer des feuilles qui n'ont ni gaîne, ni stipules : telles sont celles des Crucifères et des Renonculacées ; quand c'est le pétiole qui manque la feuille est dite *sessile,* on voit cela sur les feuilles des Joubarbes. Enfin le limbe peut disparaître à son tour, par exemple dans le *Lathyrus aphaca.*

NERVURES. — Si l'on examine le limbe d'une feuille de *Mauve* (fig. 50) par exemple, on remarque des lignes saillantes vulgairement nommées *côtes,* ce sont les *nervures.* Les plus fortes nervures partent toujours du sommet du pétiole et vont se ramifiant vers les bords de la feuille. L'axe des nervures est occupé par un faisceau vasculaire, qui provient lui-même des faisceaux contenus dans le pétiole et, par leur intermédiaire, se relie aux faisceaux de la tige. Les nervures et leurs ramifications constituent donc le squelette de la feuille, et présentent, quand elles sont débarrassées de tout le tissu vert environnant, l'aspect d'une fine dentelle. Le tissu vert ou *parenchyme* de la feuille est uniquement formé de cellules et en général très mou. Enfin la surface de la feuille est formée d'une membrane mince, incolore, transparente, l'*épiderme*.

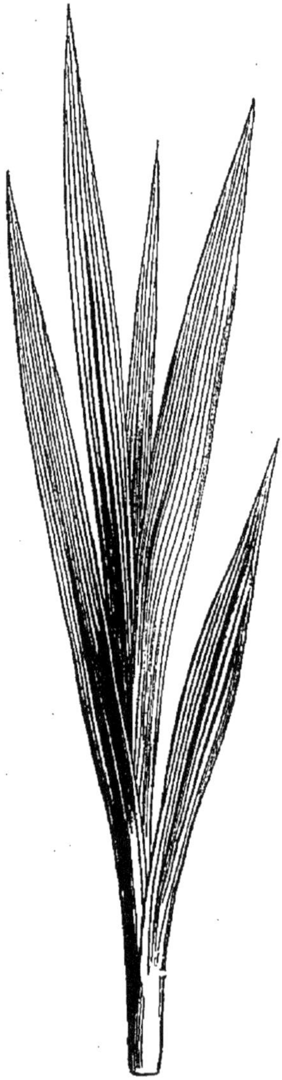

La disposition des nervures s'appelle la *nervation*; elle détermine la forme générale de la feuille, puisque les nervures constituent la charpente de la feuille. Certaines feuilles, petites, étroites, ont une nervation très simple, réduite à un faisceau qui traverse la feuille dans toute sa longueur sans se diviser : telles sont les feuilles *aciculaires* des *Pins, Sapins, Mélèzes*.

Chez beaucoup de Monocotylédones, telles que le *Blé*, le *Glaïeul*, etc. (fig. 48), les nervures restent encore rectilignes et sensiblement parallèles entre elles, mais chaque feuille en compte un assez grand nombre. Ces feuilles n'ont pas de pétiole, et s'insérant sur la tige par une large base, peuvent recevoir d'elle plusieurs faisceaux distincts.

Fig. 48. — Feuilles entières à nervures parallèles de Glaïeul.

Au contraire, dans les feuilles pétiolées, tous les faisceaux sont rapprochés quand ils arrivent au limbe, et alors leur dispersion peut se faire suivant deux modes différents que l'on nomme la nervation *pennée* (fig. 49) et la nervation *palmée*. Dans le premier cas (*Cerisier*) le pétiole se continue

par une nervure principale qui suit toute la longueur de la
feuille en donnant naissance, à droite et à gauche, à des
nervures *secondaires*. Celles-ci se dirigent vers les bords
de la feuille, en se divisant à leur tour en nervures *tertiaires, quaternaires*, etc.

Nous pouvons prendre la *Mauve* comme exemple de nervation palmée, nous verrons que dans cette feuille cinq
grosses nervures (fig. 50) presque égales, naissent du sommet même du pétiole et marchent en s'écartant les unes des

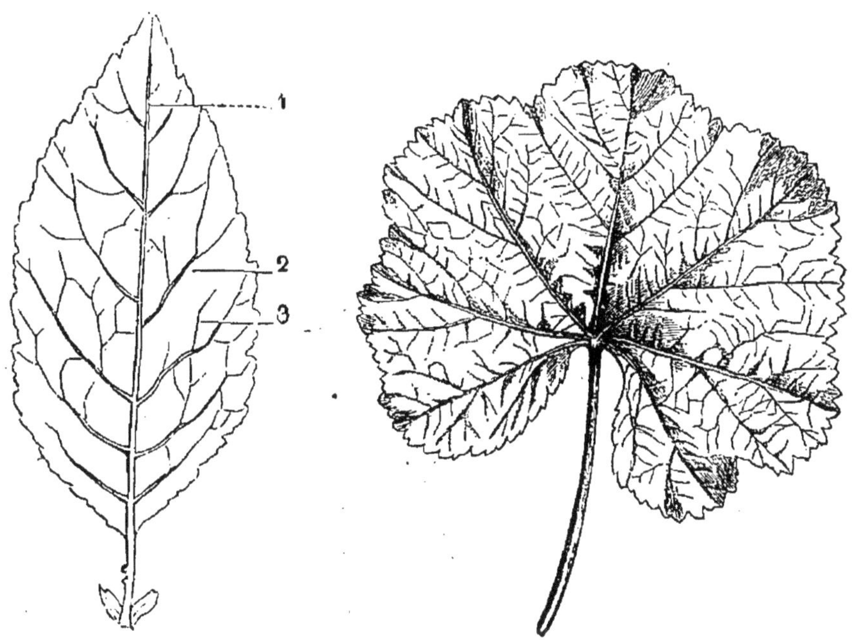

Fig. 49. — Cerisier, feuille.   Fig. 50. — Feuille palmatinerviée de Mauve.

autres vers les bords de la feuille, chacune d'elles fournissant son système de nervures secondaires, tertiaires, etc. Les
feuilles palminerviées ont souvent une forme arrondie avec
une échancrure au fond de laquelle s'insère le pétiole; si
cette échancrure s'efface et que le pétiole se trouve inséré
vers le centre de la feuille la nervation est dite *peltée*,
exemple la feuille de la *Capucine* (fig. 51).

50. FORME DES FEUILLES. — Le parenchyme suit les formes
de la nervation, et si quelquefois les dernières nervures
sont assez égales pour que le bord de la feuille soit tout

à fait uni, il est bien plus fréquent que ce bord présente une ligne brisée ou onduleuse. Les feuilles à bord uni sont dites une *entières* (*Ficus elastica*). Quand le bord de la feuille perd cette régularité, il présente des saillies dont les pointes correspondent aux extrémités des nervures les plus fortes. On adopte dans la description certaines épithètes destinées à indiquer la profondeur et la forme des échancrures et des saillies. La feuille qui porte des échancrures n'atteignant pas le quart de la largeur du limbe est dite : *dentée* quand les saillies du bord sont aiguës ; *crénelée* si les mêmes parties

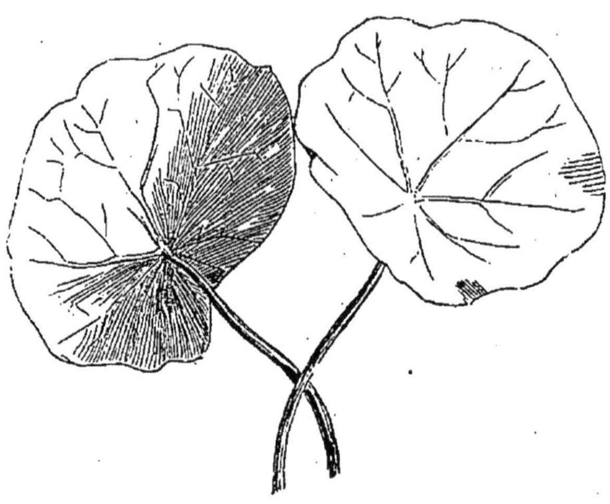

Fig. 51. — Capucine, feuille peltée.

ont des contours arrondis. Si les entailles sont plus profondes on dit d'une manière générale que la feuille est *lobée*, et l'on exprime encore par des noms spéciaux le plus ou moins de profondeur relative de ces entailles. On appelle *fissures* celles qui n'atteignent pas la moitié du limbe ; *partitions*, celles qui pénètrent un peu plus avant, et enfin *segments*, celles qui arrivent presque jusqu'au centre de la feuille. On peut aussi par un mot composé désigner à la fois le degré de division et le mode de nervation ; les mots ainsi formés, tels que feuille *palmatipartite, pinnatiséquée, pinnatifide*, se comprennent d'eux-mêmes : le premier par exemple s'appliquera à la feuille du *Ricin* qui, avec une nervation palmée, présente une partition atteignant le milieu de la feuille. Il peut arriver également que les lobes d'une feuille soient eux-mêmes découpés en lobules ; on indiquera cette particularité par un préfixe mis devant l'épithète, ainsi on dira que la feuille des Ombellifères est souvent *bipinnatiséquée* ou *tripinnatiséquée*.

51. — Feuilles composées. — Dans tout ce qui précède nous avons supposé la feuille *simple*, c'est-à-dire que nous avons admis que les lobes en atteignant la nervure médiane s'appuyaient sur elle par une large base. Dans les feuilles *composées*, au contraire, les parties constituantes tiennent à la nervure médiane par une portion rétrécie qui peut offrir toute l'apparence d'un pétiole ; on leur donne alors le nom de *folioles*. Il existe des feuilles composées à nervation palmée, *Sterculia* (fig. 52) ou pennée *Robinia* (fig. 53); les dernières sont les plus nombreuses. On les désigne sous le nom de feuilles *pennées* et on y distingue deux formes, les feuilles *imparipennées* qui se terminent par une foliole dont

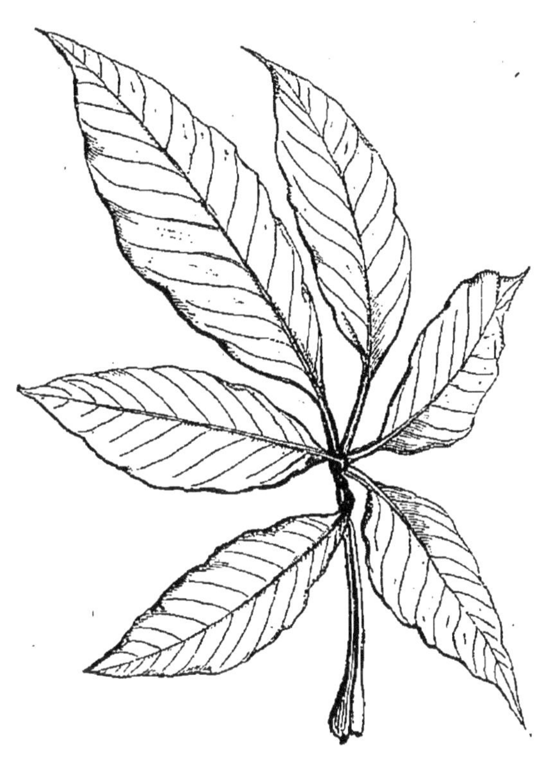

Fig. 52. — Feuille palmatipartite de *Sterculia*.

la nervure médiane prolonge le *rachis* ou nervure principale de la feuille, exemple le *Robinia* vulgairement nommé *Acacia*, et les *paripennées* qui n'ont point de foliole terminale, exemple les *Orobus*. Quand une feuille imparipennée n'a qu'une seule paire de folioles au-dessous de la terminale elle est *trifoliolée*, exemple : les Trèfles. Les folioles des feuilles composées peuvent elles-mêmes présenter les modifications de forme qui viennent d'être indiquées pour les feuilles. Ainsi les folioles sont entières dans le Robinia, dentées dans le Rosier; enfin elles peuvent être composées, ce que l'on exprime en disant que la feuille entière est *décomposée bipennée*.

Une feuille composée ou décomposée (fig. 54) représente un ensemble très-compliqué et peut être prise pour un rameau tout entier. Il faut donc indiquer un moyen sûr de distinguer la feuille la plus complexe. Ce moyen est fourni par l'observation des bourgeons. En effet il y a toujours un bourgeon à l'aisselle d'une feuille, il n'y en a jamais à l'insertion d'une foliole sur le rachis. Les stipules peuvent aussi faire reconnaître, dans beaucoup de cas, la base du véritable pétiole, mais outre qu'elles peuvent manquer, ce caractère est mauvais parce que dans quelques plantes il existe, à la base des pétiolules des folioles, de petits organes nommés *stipelles* qui ressemblent à des stipules.

Quand on veut donner l'idée de la forme générale d'une feuille on se borne à la comparer à celle d'un objet généralement connu, d'où les mots de feuille *cordée, lancéolée, sagittée, ensiforme,* etc.; pour indiquer que la feuille ressemble à un cœur, à un fer de lance, de flèche ou à la lame

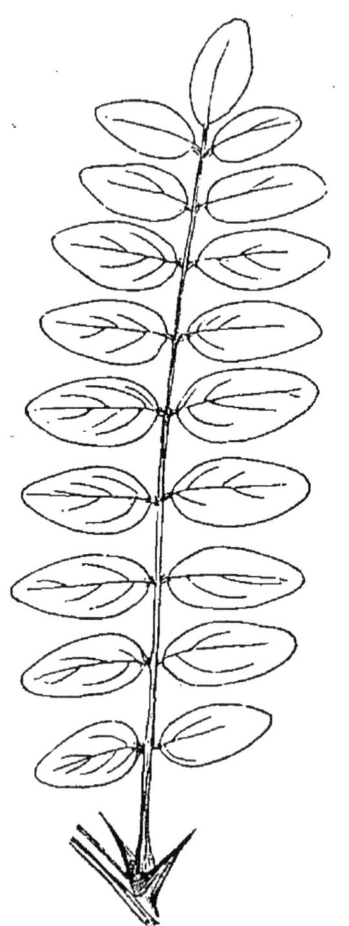

Fig. 53. — *Robinia,* feuille imparipennée, à stipules épineuses.

d'une épée. Il est clair que ces comparaisons n'offrent pas une grande précision et que c'est par la lecture fréquente des descriptions botaniques que l'on peut se familiariser avec les expressions de ce genre.

52. — Pétiole. — Le pétiole est la partie la moins variable dans les feuilles. Sa forme habituelle est celle d'un demi-cylindre, arrondi sur sa face inférieure, plan ou même légèrement concave sur sa face supérieure. Souvent il se renfle à sa base dans le voisinage de la tige et ce renflement présente une structure spéciale. Dans certaines plantes, les feuilles sont *articulées* sur la tige, c'est-à-dire que, lorsque leur vie

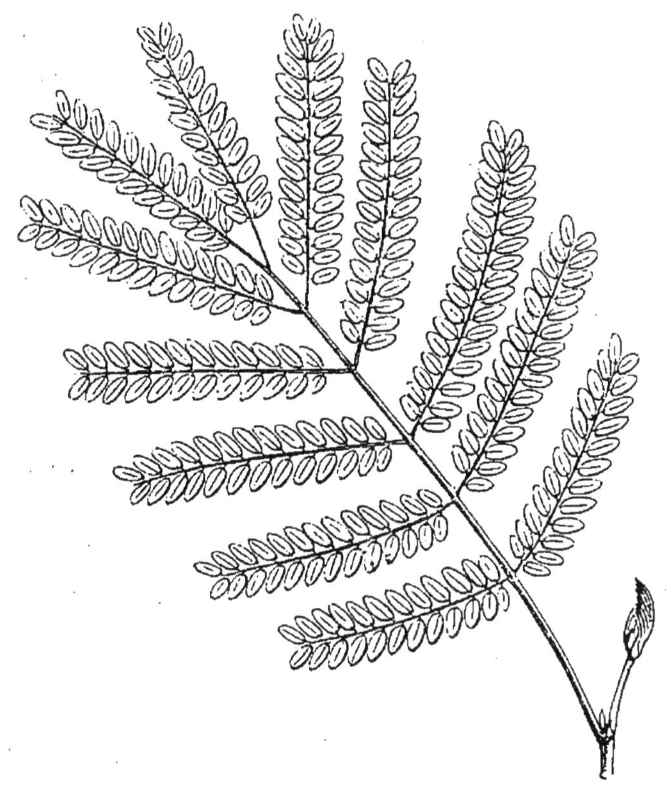

Fig. 54. — Feuille décomposée bipennée d'*Acacia*.

est finie le pétiole se détache nettement et la feuille tout entière tombe laissant une cicatrice bien marquée à la surface de la tige. On nomme *coussinet* un petit renflement latéral situé sur la tige et qui est formé par la base du pétiole. Dans d'autres plantes, surtout chez les Monocotylédones, la feuille morte laisse après elle une surface irrégulièrement déchiquetée.

PHYLLODES. — La principale modification que présentent

les pétioles est leur transformation en *phyllode*. On donne
ce nom à des pétioles qui, ne portant plus de limbe à leur
extrémité, se sont aplatis et élargis de manière à prendre
l'apparence d'une feuille. Certains Acacias de la Nouvelle-
Hollande (*A. heterophylla*) montrent bien toutes les transitions (fig. 55) entre une feuille décomposée et un
phyllode parfaitement sim-
ple. Les phyllodes ont en
général leurs nervures presque rectilignes et paral-
lèles; de plus ils sont dirigés dans le plan vertical.

53.—Stipules, gaîne. —
Nous avons déjà vu que la
partie basilaire de la feuille
pouvait prendre deux formes
différentes : celle de *gaîne*
et celle de *stipules*. La gaîne
se rencontre surtout chez
les monocotylédones; elle
peut être formée et constituée en un tube qui embrasse
complètement la tige, ou se
fendre longitudinalement
sur le côté opposé à celui
où se développe le limbe.
Chez beaucoup d'Ombellifères, l'*Angélique*, par exemple, on observe une oppo-
sition entre le développement de la gaîne et celui

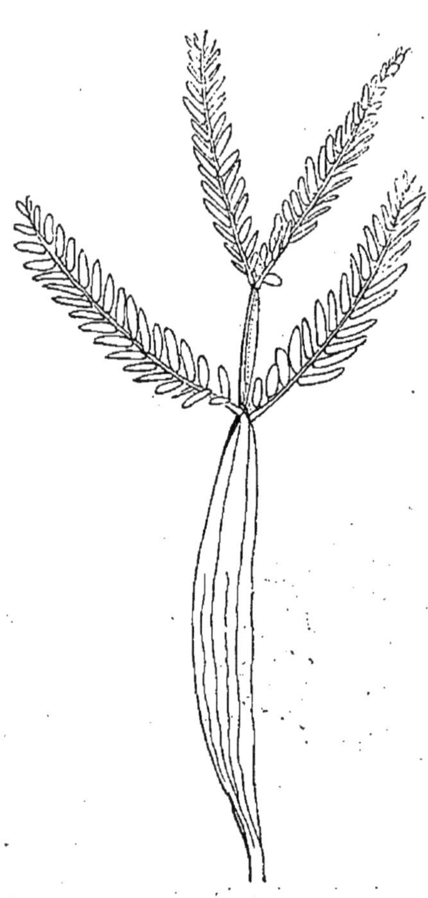

Fig. 55.— *Acacia*, feuille à pétiole dilaté,
passant au phyllode.

du limbe, de telle manière que dans les parties inférieures
de la plante la gaîne est petite et le limbe très grand, tandis
qu'en se rapprochant du sommet des rameaux, on voit les
gaînes devenir de plus en plus grandes, à mesure que dimi-
nuent les dimensions des pétioles et des limbes.

Les stipules varient dans leur forme et dans leurs relations avec la tige et le pétiole. Elles peuvent être entières ou diversement lobées (fig. 56). Quant à leurs rapports de position on peut distinguer trois cas : les stipules sont *libres*, c'est-à-dire n'adhèrent au pétiole que par une base étroite (*Salix aurita*) ; ou elles sont *adhérentes au pétiole* sur une assez grande longueur (Rosier), ou enfin elles constituent un cylindre embrassant la tige et sont dites *vaginales*.

La persistance des stipules est encore un caractère à

Fig. 56. — Pensée, feuille
à stipules lobées.

Fig. 57. — Feuilles opposées d'*Apocynum*.

prendre en considération. Tantôt elles durent aussi long-temps que les autres parties de la feuille, elles sont *persis-tantes* ; tantôt au contraire elles sont *caduques*, c'est-à-dire tombent peu de temps après que la feuille s'est dégagée du bourgeon.

54. — Disposition des feuilles par rapport aux tiges.

— Si nous considérons maintenant les feuilles par rapport à la tige, nous trouverons qu'en général leur distribution est soumise à des lois assez nettes. Deux cas sont à distinguer : ou bien chaque nœud ne porte qu'une feuille, les feuilles sont dites *alternes* ou *éparses;* ou bien à chaque nœud il y a plusieurs feuilles insérées au même niveau, c'est-à-dire *verticillées.*

Parmi les feuilles verticillées il faut remarquer les feuilles *opposées* (fig. 57) placées deux par deux à chaque nœud et en face l'une de l'autre; les feuilles *ternées* (fig. 58) ou disposées par trois, *quaternées* ou groupées par quatre, sont bien moins communes. Quel que soit le nombre des feuilles des verticilles, la règle générale est que d'un verticille au suivant les feuilles alternent, c'est-à-dire que les feuilles d'un verticille correspondent au milieu de l'espace laissé entre les feuilles du verticille immédiatement inférieur.

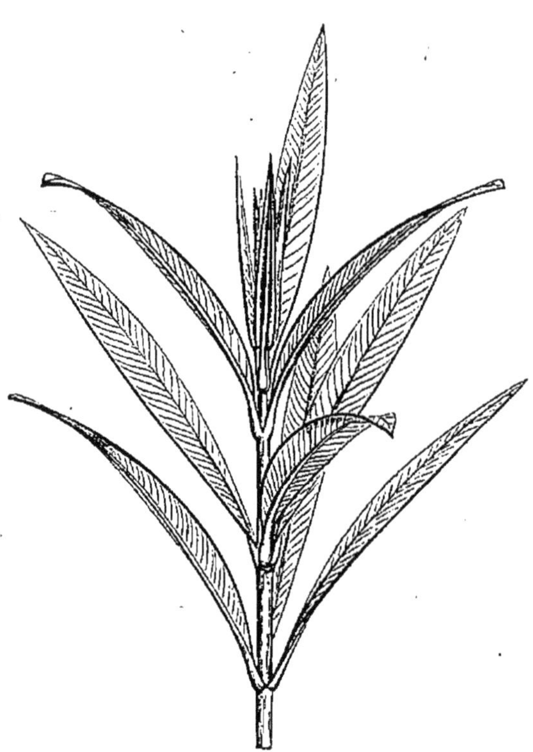

Fig. 58. — Feuille ternée de Laurier-rose (*Nerium oleander*).

Pour se rendre compte de la distribution des feuilles alternes, on imagine que la branche qui les porte étant dressée verticalement, on projette la nervure médiane de chaque feuille sur le plan horizontal, et on note, en fraction de circonférence, *l'angle de divergence* formé par la projection d'une feuille avec celle de la feuille immédiatement inférieure. Si cette fraction est constante, les feuilles offrent une disposition spirale régulière; si, au contraire, la fraction de divergence varie brusquement d'un entre-nœud à l'autre, il n'y a plus de spirale et les feuilles sont vraiment éparses (*Fritillaire*). Les fractions les plus fréquemment observées sont $\frac{1}{2}$, les feuilles sont *distiques*, fig. 59; $\frac{1}{3}$, fig. 60; $\frac{2}{5}$, fig. 61.

55. — L'état de la surface dans les parties vertes des plan-

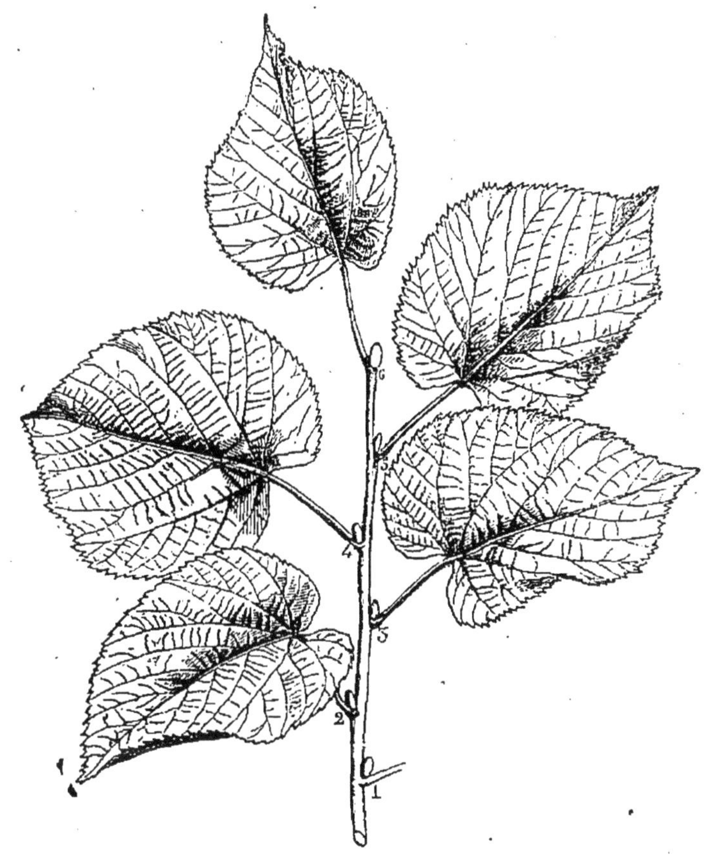

Fig. 59. — Rameau de Tilleul portant des feuilles distiques.

tes est encore un caractère souvent utilisé pour distinguer les espèces, et sous ce rapport nous pouvons considérer en même temps les feuilles et les tiges herbacées qui sont susceptibles des mêmes modifications.

La surface est *velue* ou *glabre* suivant qu'elle est munie ou dépourvue de poils.

Les surfaces glabres n'exigent généralement par d'autres

dénominations ; cependant il faut mentionner l'existence sur quelques-unes d'entre elles d'une très mince couche de matière grasse ou cireuse qui, étant déposée sous forme de poussière microscopique, donne aux organes une teinte grisâtre appelée *glauque* dans les descriptions botaniques.

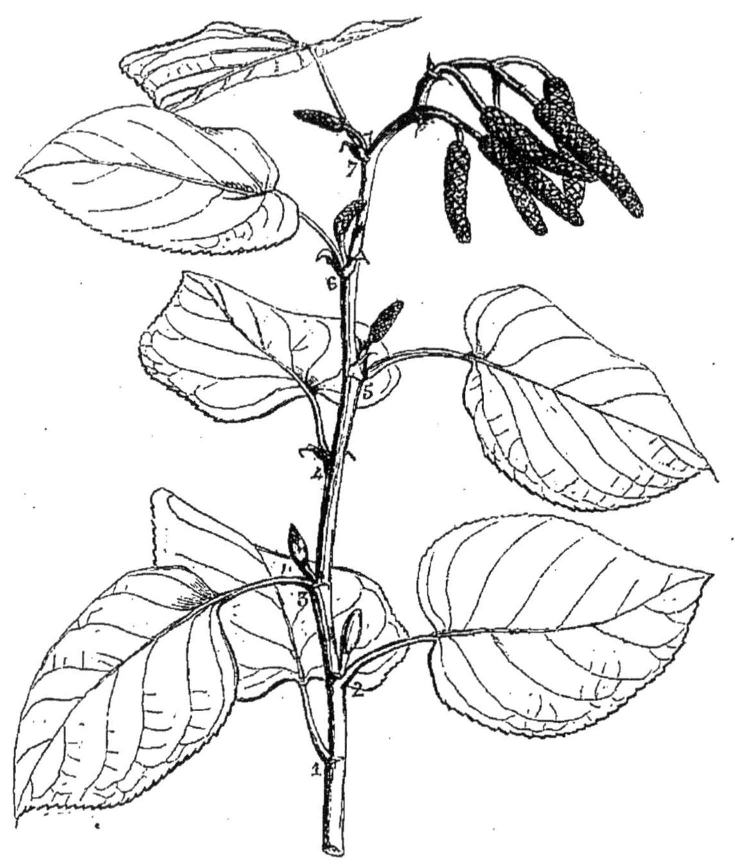

Fig. 60. — Rameau de Bouleau portant des feuilles alternes dont l'angle de divergence est égal à un tiers.

Cette couche cireuse ou *pruine* peut, en général, être enlevée par un léger frottement, comme chacun a pu l'observer sur certains fruits (prune, raisin), et certaines feuilles (chou). Quelquefois elle est beaucoup plus épaisse et peut alors constituer un produit utile, tel est le cas pour certains palmiers d'Amérique (*Ceroxylon andicola*).

56. — Poils. — Les poils au contraire ont des structures très variées. Les plus simples sont formés d'une seule cellule droite et terminée en pointe molle ; on en trouve de cette sorte qui ont toutes les tailles, depuis celle des petites émi-

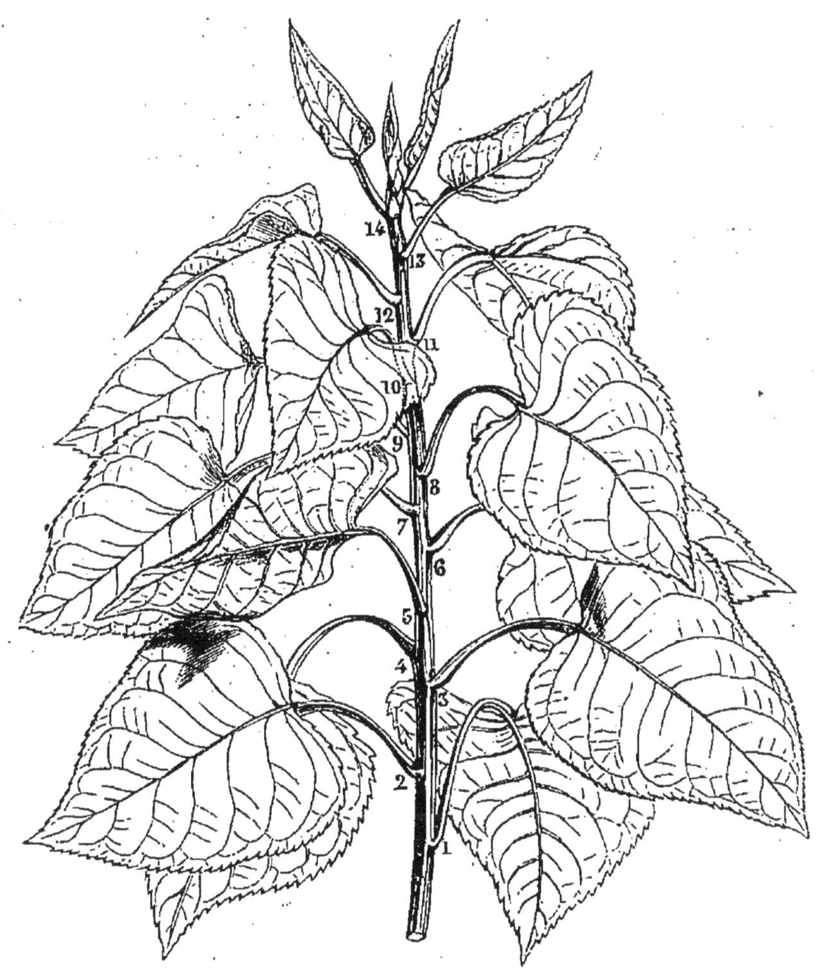

Fig. 61. — Rameau de peuplier portant des feuilles alternes dont l'angle de divergence est égal à deux cinquièmes.

nences microscopiques, qui donnent à la surface l'aspect velouté des pétales de Pensée, jusqu'à plusieurs centimètres de long, comme sont les poils qui entourent la graine du cotonnier et forment les fibres utilisées dans l'industrie sous le nom de *coton*. D'autres poils encore unicellulaires, mais rameux et souvent très compliqués, s'observent fréquemment surtout chez les Crucifères.

Beaucoup de poils sont au contraire pluricellulaires, soit qu'ils présentent plusieurs cellules simplement juxta-posées bout à bout, soit qu'ils offrent des ramifications elles-mêmes formées de plusieurs cellules. Les formes les plus remarquables sont celles des poils *étoilés* et *en écusson;* les premiers s'observent sur la Rose trémière, les seconds sur l'Olivier de Bohême (*Eleagnus angustifolia*). Enfin il faut encore mentionner les poils glanduleux.

57. — Glandes. — On appelle *glande* tout organe capable de sécréter un liquide doué de propriétés particulières. Certains poils, à corps cylindrique et grêle, se terminent par une rosette de cellules glanduleuses qui sécrètent des liquides très-différents de ceux qui sont contenus dans le reste de la plante, ce sont des poils glanduleux en tête. On peut citer comme exemple les poils qui existent sur les feuilles de la Mélisse et fournissent l'huile essentielle si fortement odorante de cette plante; ceux que l'on trouve sur les pârties supérieures de divers *Sonchus* sécrètent un liquide gluant qui donne à ces organes une viscosité particulière.

Les poils de l'Ortie, et de quelques autres plantes douées comme elle de la propriété d'exciter de vives brûlures par le moindre contact, ont une structure assez différente; ce sont cependant encore des poils glanduleux. Leur partie principale est une grande cellule renflée vers la base et terminée à son sommet en pointe fine et aiguë; toute la cavité de la cellule est remplie d'un liquide irritant; la base renflée est implantée dans un coussinet de tissu cellulaire. Quand on touche l'Ortie avec la main, la pointe du poil pénètre dans la peau et se brise, ce qui permet au liquide de se déverser dans la plaie.

58. — Les plantes vasculaires se divisent en deux groupes : les *Cryptogames vasculaires* et les *Phanérogames.*

GROUPE III

CRYPTOGAMES VASCULAIRES

59. — Caractères généraux. — Ce groupe comprend des plantes toujours vertes, généralement terrestres quoique recherchant les endroits frais et humides, pourvues d'une tige qui porte des feuilles souvent très grandes et de vraies racines. Leurs tissus contiennent, outre les cellules, des vaisseaux bien caractérisés. Elles sont donc, par leur appareil végétatif, bien différentes des deux premiers groupes. C'est au contraire surtout par leur mode de reproduction qu'elles se séparent du quatrième et dernier groupe. En effet elles ont toujours pour organe mâle, dans le phénomène de la fécondation, des anthérozoïdes qui n'existent jamais chez les Phanérogames.

Comme les Muscinées, les *Cryptogames vasculaires* présentent une alternance de génération régulière et constante. Mais chez les plantes qui nous occupent, la génération sexuée est formée par un corps de dimensions faibles, d'une courte durée et d'une structure simple, nommé *prothalle* (fig. 62); ce corps porte des poils absorbants qui remplissent les fonctions de racine. La face inférieure du prothalle présente les organes sexuels, anthéridies (fig. 63) et archégoues (fig. 64). Ces organes sont relativement plus petits que chez les mousses, mais leur constitution est au fond la même : l'anthéridie forme un sac dans l'intérieur duquel naissent les anthérozoïdes (fig. 65), qui ont la même forme que ceux des mousses, mais portent un grand nombre de cils vibratiles. L'archégone présente également, dans une partie renflée, une cellule nue qui ne peut se développer qu'après avoir reçu le contact des anthérozoïdes ; c'est donc une oosphère. Après la fécondation l'oosphère grandit en don-

4.

nant une jeune plante feuillée (fig. 66) qui portera plus
tard des spores formées sans fécondation et capables de
donner de nouveaux prothalles. On voit donc que la
plante feuillée et vivace forme la génération asexuée. Les
rapports de taille entre les deux générations sont donc

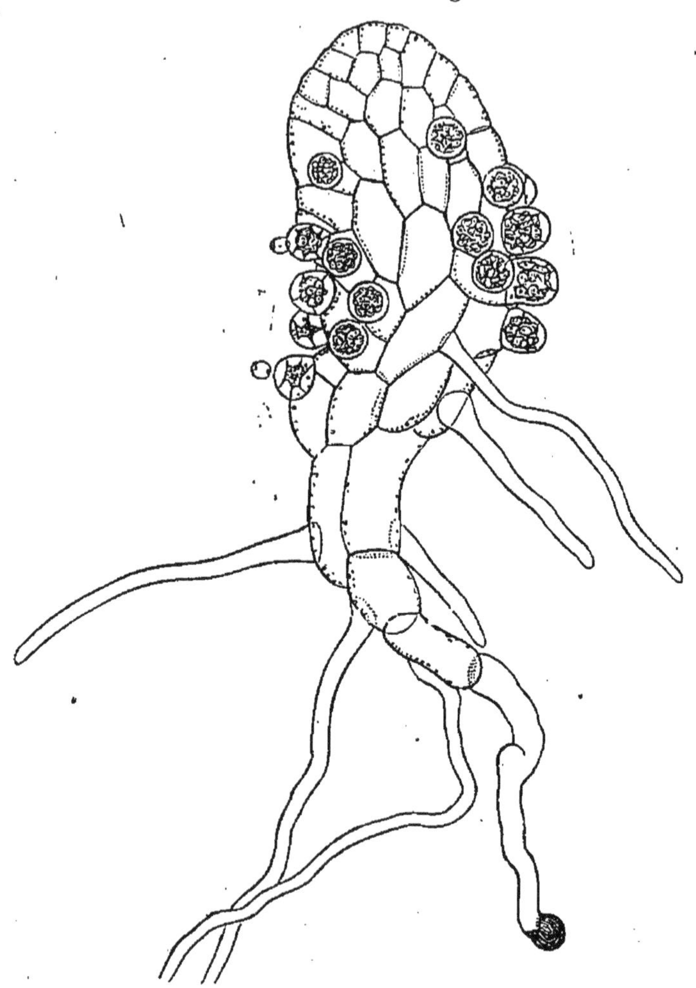

Fig. 62. — Jeune prothalle de fougère, vu par sa face inférieure.

en quelque sorte inverses de ce que nous avons vu chez les
Mousses; on peut dire que le prothalle des Cryptogames
vasculaires répond à la plante feuillée des Mousses, tandis
que la plante feuillée des Fougères est l'analogue du car-
pogone des Mousses.

Dans la nature actuelle les Cryptogames vasculaires tien-

nent une place infiniment moins importante que les Phanérogames. Mais il en a été tout autrement dans les époques
géologiques précédentes. Les terrains où l'on exploite la

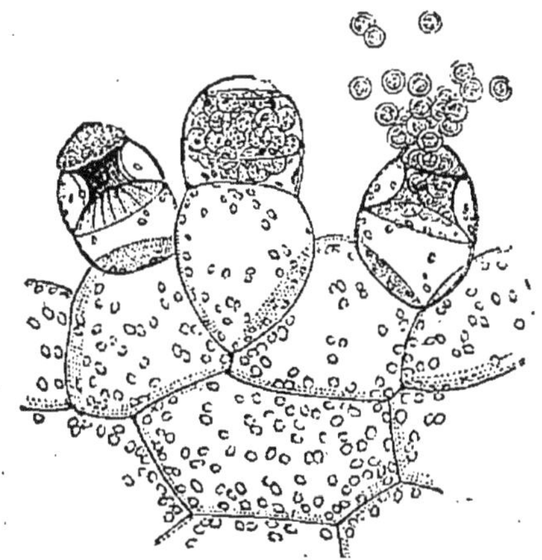

Fig. 63. — Anthéridies d'un prothalle de
fougère très grossies.

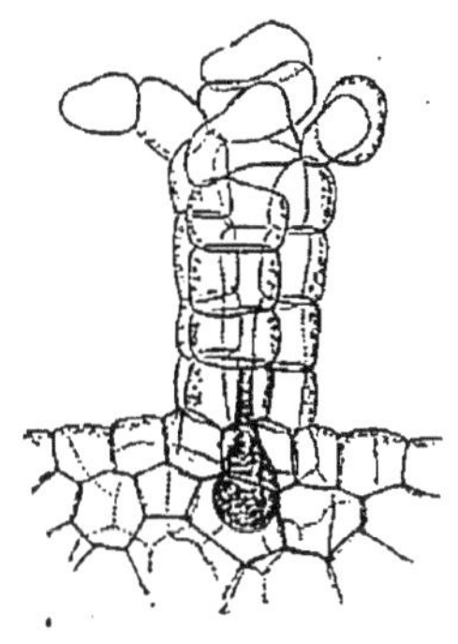

Fig. 64. — Archégone de
fougère très grossie.

houille sont remplis d'empreintes laissées par des végétaux
appartenant certainement à ce groupe, quoique formant des
espèces tout autres que celles qui subsistent aujourd'hui.

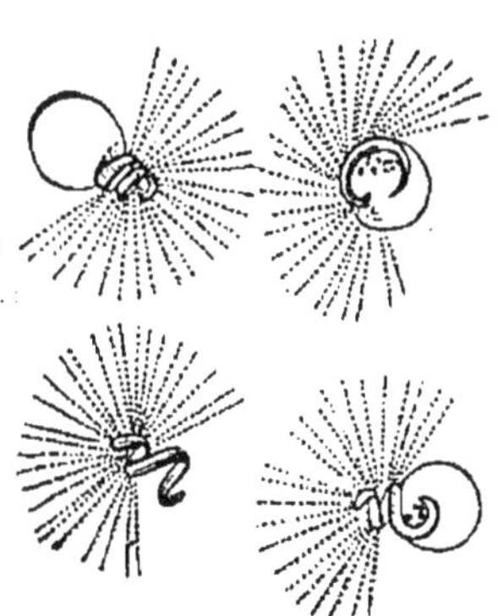

Fig. 65. — Anthérozoïdes en liberté.

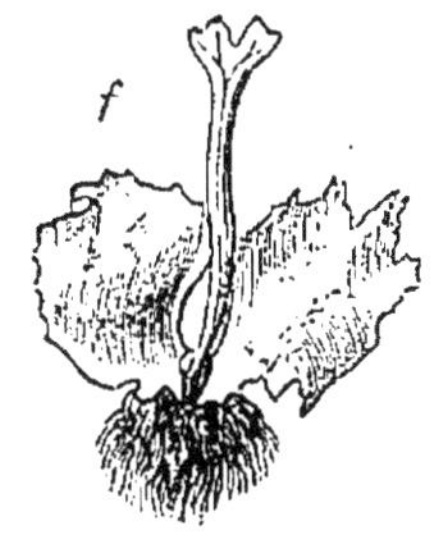

Fig. 66. — Prothalle portant une
jeune plante feuillée de fougère.

60. — Pour étudier plus en détail les différentes formes
du groupe, nous examinerons séparément les trois classes qui
le composent :

Les Équisétinées.— Les Filicinées.— Les Lycopodinées.

CLASSE V

LES ÉQUISÉTINÉES

61. — **Caractères généraux.** — Les *Équisétinées* ont
un prothalle foliacé vert qui vit sur la terre humide; chaque
prothalle est unisexué, c'est-à-dire ne porte que des anthéridies ou que des archégones. Les anthérozoïdes s'étant introduits dans l'archégone et ayant fécondé l'oosphère, celle-
ci se développe immédiatement en un jeune individu de la
génération asexuée. Celui-ci vulgairement connu sous le nom
de Prèle, se compose à l'état adulte d'une tige souterraine,
qui porte des rameaux dressés dans l'air. Ceux-ci sont cylindriques et nettement divisés en articles placés bout à bout
(fig. 67). Chaque article se prolonge vers le haut en une
gaîne dentée à son bord supérieur qui embrasse la base de
l'article suivant et représente un verticille de feuilles. Quand
la branche est ramifiée, les rameaux naissent à la base de
la gaîne foliaire en nombre égal au nombre des dents de la
gaîne. Les rameaux ont la même structure que la tige principale, mais généralement avec un moins grand nombre de
dents à chaque gaîne.

La fructification asexuée forme des épis (fig. 68) qui, suivant
les espèces, terminent toutes les tiges aériennes ou seulement
certaines d'entre elles; l'organisation de l'épi est d'ailleurs
la même dans les deux cas. Il se compose de pièces toutes
semblables entre elles et qui peuvent être comparées à des
clous à large tête, plantés dans la tige. Sur le bord de cette
tête de clou existent des sacs, en nombre variable, remplis
de spores; on les nomme *sporanges*. Les spores sont vertes
et chacune d'elles porte deux filaments élastiques qui se

eplient sur la spore ou s'étendent brusquement, suivant que

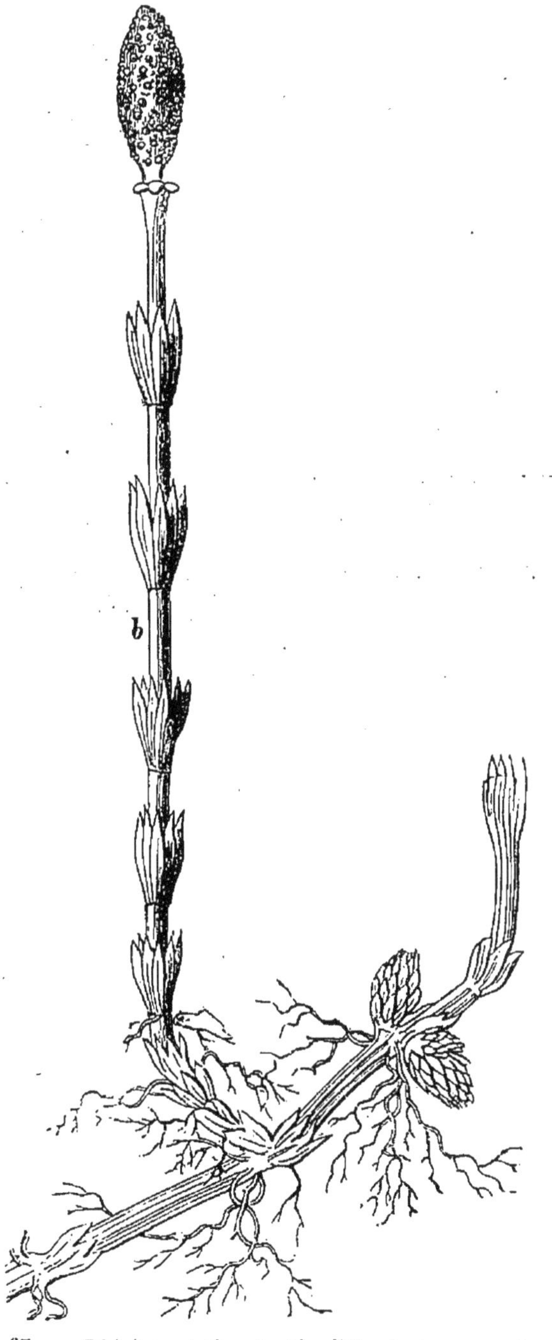

Fig. 67. — Rhizôme et tige fertile d'*Equisetum arvense*.

l'air environnant est plus humide ou plus sec; les mouve-

ments de ces filaments ou *élatères* (fig. 69) tendent à disperser les spores loin du point où elles sont tombées lors de
l'ouverture du sporange. Les spores en germant donnent
naissance à un prothalle.

Les Prèles, jadis beaucoup plus développées, sont aujour-

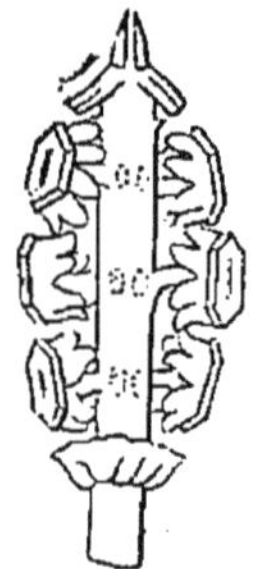

Fig. 68. — Epi du même dont quelques
écussons ont été enlevés.

Fig. 69. — Spore du même montrant
ses élatères.

d'hui des herbes peu importantes; je dois cependant indiquer que certaines espèces ont un épiderme incrusté de
silice, assez dur pour pouvoir servir au polissage du bois.

CLASSE VI

LES FILICINÉES

62.— Les Filicinées forment la classe la plus nombreuse parmi les Cryptogames vasculaires. Elles ont des feuilles largement développées et c'est à la partie inférieure ou sur le bord de la feuille que les sporanges sont réunis en grand nombre.

Cette classe comprend deux ordres :

Les *Fougères* qui n'ont qu'une sorte de spores ;

Les *Rhizocarpées* qui ont deux espèces différentes de spores.

63. — **Fougères.** — Les *Fougères* ont un prothalle très-semblable à celui des Équisétacées, mais portant assez souvent les deux sortes d'organes sexuels sur un même individu. Les anthéridies et les archégones sont situés sur la face inférieure du prothalle ; celui-ci a souvent la forme d'un cœur, et alors les anthéridies se rencontrent plutôt vers la pointe, tandis que les archégones existent surtout près de l'échancrure.

Les anthérozoïdes ont la forme de filaments tordus en tire-bouchon et couverts de cils dans leur moitié antérieure ; la partie postérieure entraîne souvent une goutte mucilagineuse. Quant aux archégones, elles ont au fond la même forme que celle des Mousses.

La génération asexuée ou *fougère* proprement dite, qui naît du développement de l'oosphère (fig. 70), se compose à l'état adulte d'une tige souvent souterraine ou rampante, rarement dressée verticalement (fougères en arbre des contrées tropicales), et portant des racines et des feuilles.

Les racines sont grêles et naissent directement de la tige.

Les feuilles se composent d'un pétiole et d'un limbe tantôt simple et à bord entier (*Scolopendre*), tantôt et plus souvent très découpé (*Pteris aquilina, Adiantum tene-*

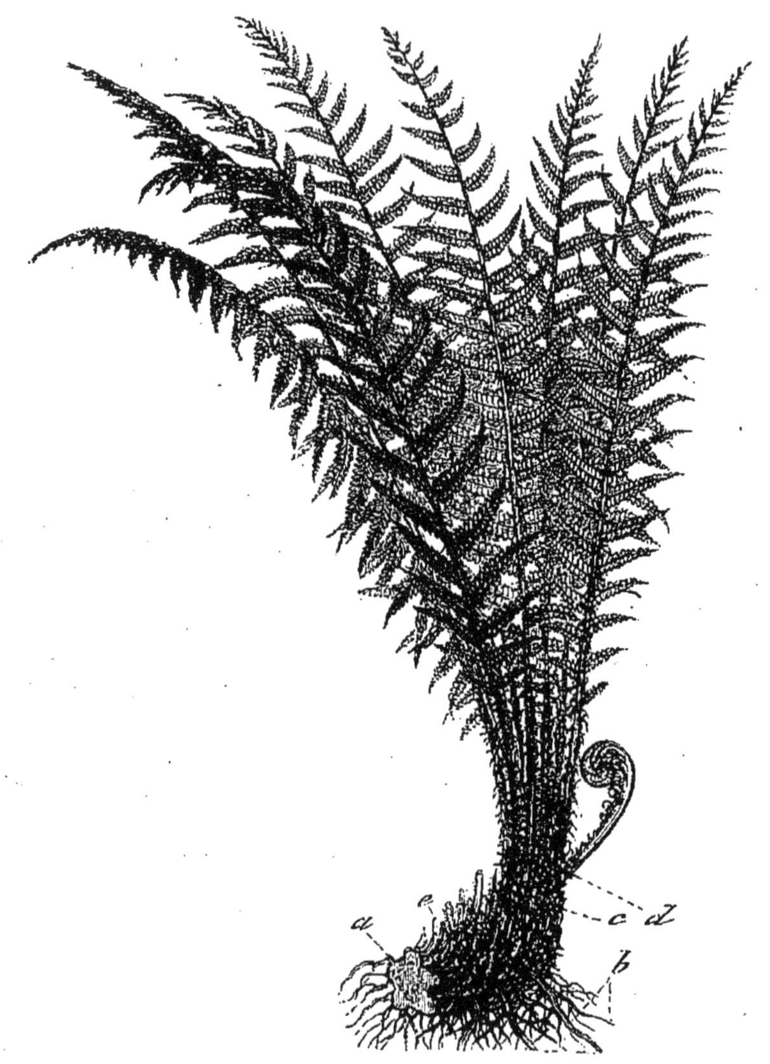

Fig. 70. — Fougère mâle (*Nephrodium filix mas*); *a*, coupe du rhizôme; *b*, racines adventives; *c*, feuilles complètement développées; *d*, jeunes feuilles.

rum, etc.). Dans leur jeunesse elles sont roulées en crosse à leur sommet. La tige se ramifie peu; elle s'allonge sans cesse par son sommet, mais ne s'accroit jamais en diamètre.

Les organes de fructification asexuée sont des spores

unicellulaires contenues dans des sporanges de forme un peu variable (fig. 71). Les espèces les plus communes, dans notre pays, ont des sporanges en forme de poire, portés sur un pied grêle, et munis d'une rangée de cellules à parois épaisses que l'on nomme l'*anneau*. L'élasticité de l'anneau, qui tend à se redresser, amène la rupture du sporange et la mise en liberté des spores, quand celles-ci sont mûres. La forme et la direction de cet anneau servent à distinguer les différentes familles de fougères. Les espèces les plus communes en Europe ont toujours l'anneau vertical comme le

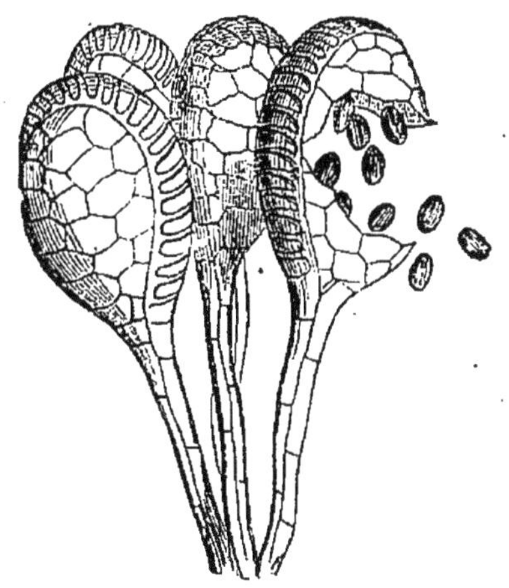

Fig. 71. — Sporanges de la Fougère mâle ; l'un d'eux rompu laisse échapper ses spores.

Fig. 72. — Fragment de feuille de Fougère mâle vue par dessous et montrant les sores.

représente la figure 71. Les sporanges sont toujours placés à la face inférieure des feuilles. Dans beaucoup de cas, les feuilles fertiles, c'est-à-dire portant des sporanges, restent semblables aux feuilles stériles (*Polypodium vulgare, Nephrodium filix mas*) ; mais dans d'autres espèces les feuilles ou portions de feuilles chargées de sporanges deviennent beaucoup plus étroites et leur limbe disparaît presque complètement (*Osmunda regalis*).

Les sporanges sont rarement disséminés sur toute la surface de la feuille ; en général ils forment des amas ou *sores* disposés sur les petites nervures de la feuille (fig. 72). Les sores peuvent être nus (*Polypodium vulgare*), ou recouverts

d'une membrane spéciale, l'*indusie* (*Nephrodium filix-mas*),
ou enfin cachés sous le bord replié de la feuille (*Pteris
aquilina*). Ce sont ces différentes dispositions des sporanges
qui permettent la distinction des genres.

Les fougères, souvent employées comme plantes d'ornement, n'ont pas d'applications utiles, sauf la fougère mâle
(*Nephrodium filix-mas*) dont la tige souterraine fournit un
remède contre le *ver solitaire*. Les plantes appartenant à
cet ordre ont été très-développées à l'époque de la formation
de nos houillères, où l'on rencontre souvent leurs empreintes
parfaitement conservées.

64. — **Rhizocarpées**. — Les *Rhizocarpées*, analogues aux
fougères par la nature et la dimension de leurs feuilles, s'en

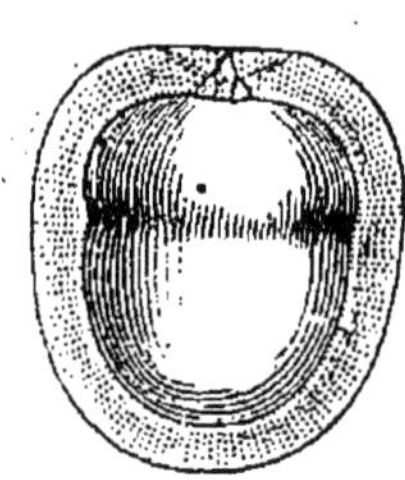

Fig. 73. — *Pilularia*, microspore.   Fig. 74. — *Pilularia*, macrospore
                                                        mûre.

distinguent par la forme de leurs fruits asexués et par l'existence de deux sortes de spores asexuées : les unes petites
(*microspores*, fig. 73), les autres beaucoup plus grandes (*macrospores*, fig. 74).

Les microspores en germant dans l'eau produisent de très
petits prothalles sur lesquels naissent des anthéridies pourvues d'anthérozoïdes très semblables à ceux des fougères.

La germination des macrospores donne au contraire exclusivement des prothalles à archégones. La fécondation se fait
d'ailleurs comme dans les fougères, et l'oosphère fécondée
se développe en une jeune plante feuillée qui porte à son
tour des macrospores et des microspores.

Le fait remarquable de cette organisation est que la séparation des sexes est déjà sensible dans les spores d'origine
asexuée. Nous avons vu plus haut que chez les *Equisetum*

chaque prothalle ne porte que l'un des deux sexes, mais les spores qui produisent les prothalles femelles sont en tout point semblables à celles qui donnent les prothalles mâles. Ici au contraire les spores elles-mêmes sont assez différentes pour qu'il soit facile de savoir d'avance quelle sorte de prothalle produira chacune d'elles. En outre les prothalles sont ici beaucoup plus petits que dans les fougères et les prèles;

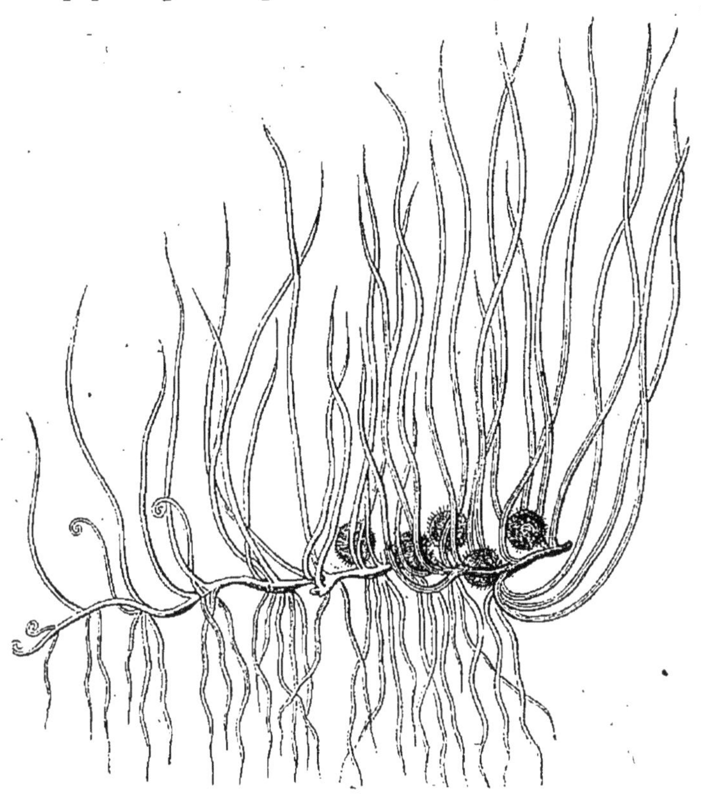

Fig. 75. — *Pilularia globulifera.*

ils sont incolores et par conséquent incapables de se nourrir par eux-mêmes; aussi sont-ils à peine plus gros que les spores elles-mêmes.

Les Rhizocarpées sont, du moins à l'époque actuelle, fort peu nombreuses en espèces, et même assez rares; elles n'ont aucune application importante et ont été signalées ici uniquement à cause des dispositions remarquables de leur appareil reproducteur. Leur nom vient de la disposition de leurs fruits près des racines, figure 75.

CLASSE VII

LES LYCOPODINÉES

65. — **Caractères généraux.** — Les Lycopodinées sont

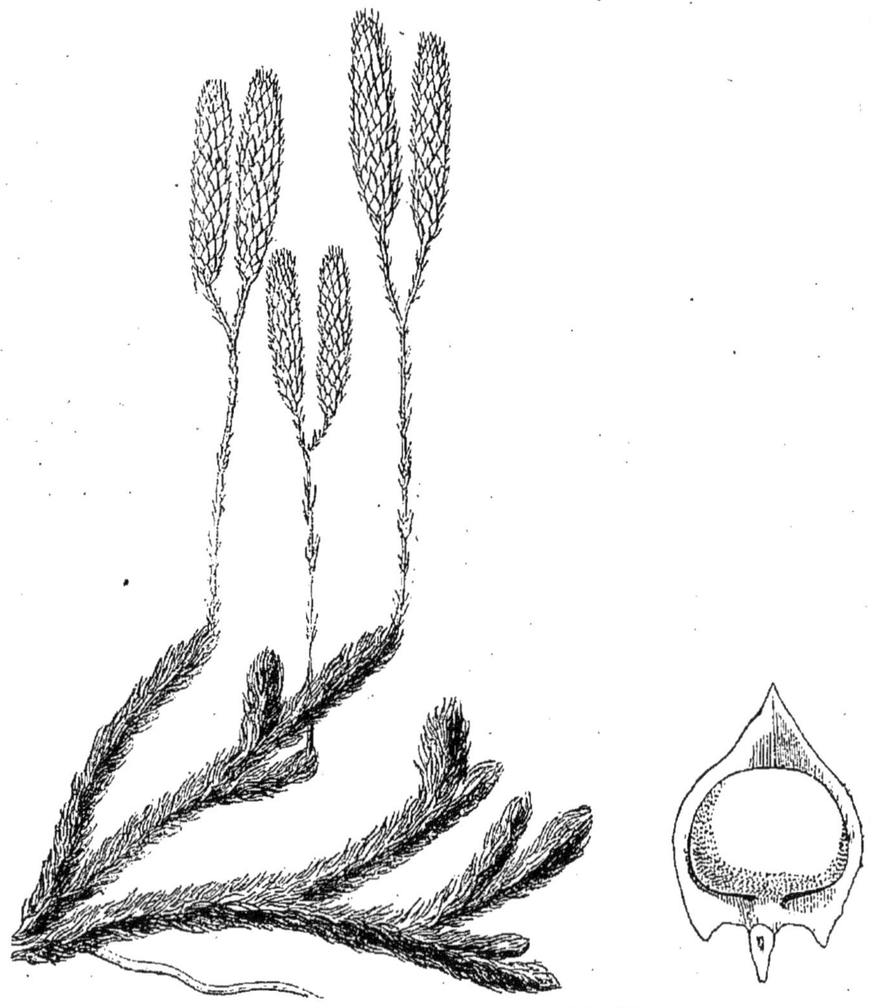

Fig. 76. — *Lycopodium clavatum.*

Fig. 77. — *Lycopodium,* sporange à l'aisselle d'une feuille.

des cryptogames vasculaires à feuilles généralement petites

et d'une forme simple, très nombreuses et très serrées sur la tige, en sorte que le port de la plante ressemble à celui d'une mousse.

On distingue trois ordres dans cette classe :

Les *Lycopodiacées* qui n'ont qu'une seule sorte de spores produisant des prothalles hermaphrodites (fig. 76 et 77).

Les *Sélaginellées* et les *Isoëtées* qui ont au contraire des microspores pour donner les prothalles mâles à anthéridies,

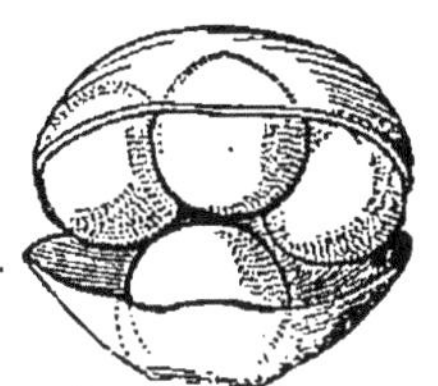

Fig. 78. — *Selaginella*, macro-
sporange.

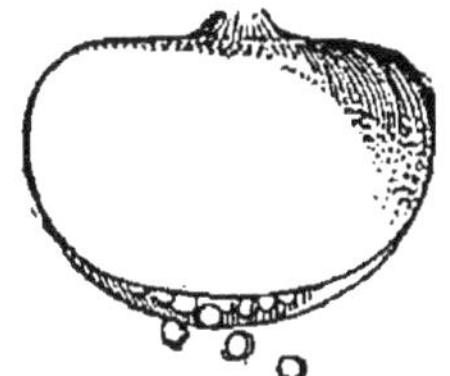

Fig. 79. — *Selaginella*, micro-
sporange.

et des macrospores pour fournir les prothalles femelles à archégones (fig. 78 et 79).

Le premier de ces ordres correspond donc aux fougères et les deux derniers aux rhizocarpées.

Ces plantes n'ont plus dans la nature actuelle qu'une importance très minime, mais il en a été autrement dans les âges géologiques antérieurs. Tandis que les Sélaginelles actuelles sont de petites plantes, les *Lepidodendron* et les *Sigillaria* de l'époque carbonifère, appartenant à la même famille, atteignaient la taille de véritables arbres.

GROUPE IV

LES PHANÉROGAMES

CARACTÈRES GÉNÉRAUX

66. — Les *Phanérogames*, qui composent aujourd'hui la plus nombreuse et la plus intéressante partie du règne végétal, se distinguent des trois groupes précédents par leur mode de reproduction què caractérise particulièrement l'existence d'une *graine*.

67. — **Graine.** — Ce corps se compose essentiellement à la maturité, quand il se sépare de la plante-mère, d'une *enveloppe* plus ou moins compliquée et d'un *embryon*, c'est-à-dire d'une jeune plante où l'on peut déjà distinguer une tige et quelques petites feuilles (fig. 80). La graine placée dans des conditions convenables d'humidité, d'aération et de température peut germer, c'est-à-dire que l'embryon, s'agrandissant dans toutes ses parties, brise l'enveloppe, s'en débarrasse et devient avec le temps un individu tout semblable à la plante-mère. Il semble donc au premier abord que ce mode de reproduction n'offre aucune analogie avec ce que nous avons observé chez les cryptogames.

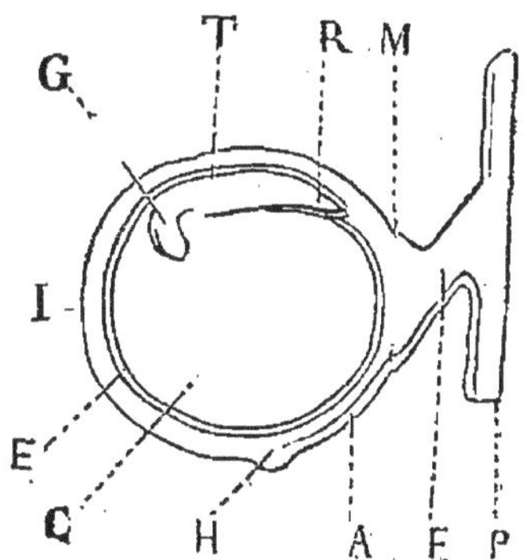

Fig. 80. — Graine du Pois dépouillée de ses téguments, *g* gemmule, *c* cotylédons, *t* tigelle, *r* radicule, *p* placenta, *f* funicule, *a* raphé, *h* chalaze, *m* micropyle, *i* et *e* téguments de la graine.

Examinons toutefois quel est le mode de formation de la graine, et nous verrons que la différence n'est pas radicale.

68. — Fécondation de l'ovule. — La graine résulte de la transformation d'un petit organe nommé l'*ovule*. Depuis les travaux de Sébastien Vaillant (1717), on sait que l'ovule ne peut pas se transformer en graine s'il ne reçoit l'influence fécondante d'une poussière appelée *pollen* qui se trouve dans les *anthères*. En effet l'ovule, dans la fleur qui vient de s'ouvrir, ne contient pas d'embryon. Il est simplement formé d'un mamelon de tissu délicat creusé d'une cavité, *le sac embryonnaire*, dans laquelle on remarque un globule tout à fait semblable par son apparence et sa constitution à l'oosphère contenue dans l'archégone d'une cryptogame vasculaire quelconque. Comme l'oosphère, ce globule ou *vésicule embryonnaire*, livré à lui-même, est incapable de se développer. Pour lui donner la vie il faut l'action du grain de pollen ; celui-ci, déposé sur un organe voisin de l'ovule, germe en un filament ou *boyau pollinique* qui chemine à travers les tissus jusqu'à ce que son extrémité arrive au contact du sac (fig. 81), tout près de la vésicule embryonnaire. Alors la matière contenue dans le boyau pollinique, filtrant à travers les membranes, se mélange à la vésicule et la féconde, tout comme l'anthérozoïde féconde l'oosphère en se mélangeant avec elle.

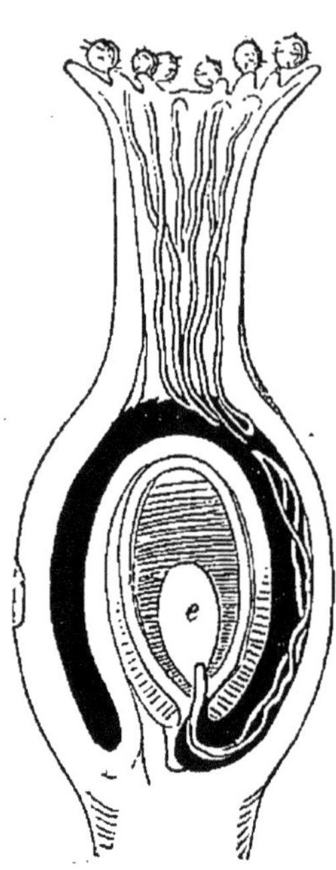

Fig. 81. — Figure théorique montrant un ovaire au moment de la fécondation ; *e*, sac embryonnaire où arrive l'un des boyaux polliniques provenant des grains de pollen placés sur le stigmate.

69. — Nous pouvons donc comparer le grain de pollen à la microspore des cryptogames les plus élevés, et le sac embryonnaire à leur macrospore. Le grain de pollen, comme la microspore, germe pour donner le corps qui joue dans l'acte de la fécondation le rôle d'élément mâle ; le sac embryonnaire fournit l'élément femelle comme le fait la macrospore. Les grandes différences qui restent à expliquer sont : d'abord l'extrême réduction, presque la disparition, des prothalles ; en second lieu, pour l'élément mâle, le remplacement de l'anthérozoïde mobile par le boyau pollinique privé de mouvement, et, pour l'élément femelle, l'adhérence de la macrospore avec la plante-mère. Pour le premier point, on peut remarquer que, déjà chez les Rhizocarpées et les Sélaginellées, les prothalles sont fort réduits, en sorte que, sous ce rapport, ces plantes établissent une transition entre les cryptogames et les phanérogames. Quant au second point, il est facile de comprendre que du moment que l'élément femelle reste fixé à la plante-mère, que des parties nécessaires sont disposées dans la fleur de manière à guider l'élément mâle, celui-ci n'a plus besoin de se porter vers l'autre par des mouvements propres. Enfin il est clair que l'élément femelle restant fixé à la plante-mère, l'embryon qu'il forme peut puiser sa première nourriture dans les sucs de la mère et n'a plus besoin d'être alimenté par un

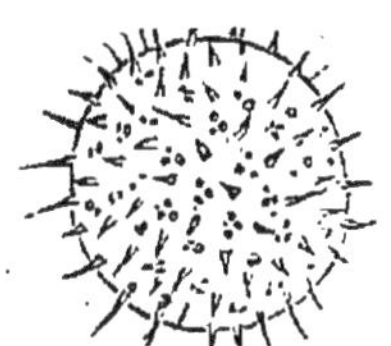

Fig. 82. — Rose-trémière, pollen.

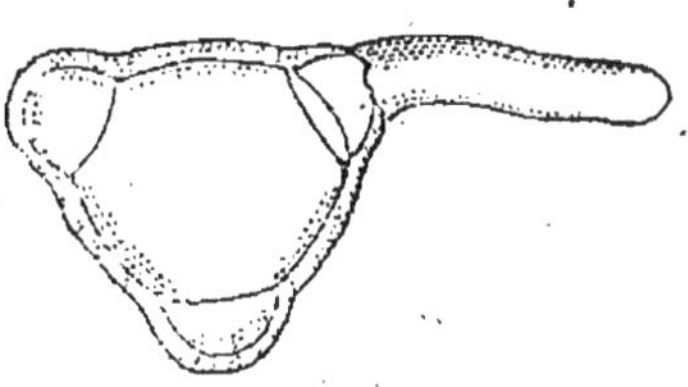

Fig. 83. — *Œnothera*, pollen émettant son boyau pollinique.

prothalle fortement développé. Ces considérations seraient encore mieux prouvées par l'examen détaillé des phénomènes qui précèdent la formation de l'embryon, mais cette étude n'entre pas dans le cadre d'un cours élémentaire et il suffit pour le moment d'avoir montré que les plantes phanérogames sont établies sur le même plan que les cryptogames, aux différences près qu'entraîne une organisation plus parfaite.

A cause de l'importance de ces organes caractéristiques des phanérogames, nous allons indiquer les traits essentiels de la structure du grain de pollen et de l'ovule.

70. — **Pollen.** — Le grain de pollen est un petit corps formé d'une cellule ou d'un petit nombre de cellules qui ressemblent beaucoup à une spore de cryptogame ; il prend naissance dans le *sac pollinique* (fig. 82 et 83) comme les spores dans les sporanges. La simplicité même de sa structure dispense d'une plus longue description. Les différences de forme qu'il peut présenter, étant tantôt sphérique, tantôt

elliptique, cubique ou cylindrique, sont sans importance.

71. — **Ovule.** — L'ovule est bien autrement compliqué. Il apparaît d'abord sous la forme d'un mamelon à la surface de l'organe qui le porte, puis un bourrelet cylindrique se forme à quelque distance au-dessous de son sommet, et à mesure que l'ovule croît, le bourrelet cylindrique se développe aussi,

Fig. 84. — Ovule jeune ne présentant encore que son nucelle.

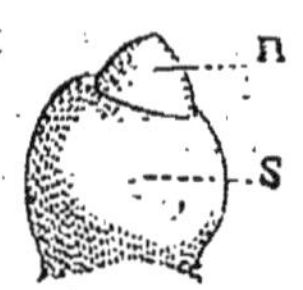

Fig. 85. — Ovule jeune avec la secondine, sans primine.

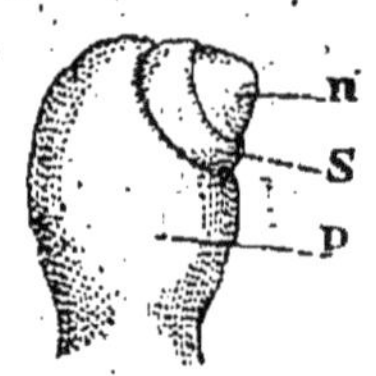

Fig. 86. — Ovule anatrope commençant à se courber.

enveloppant le sommet de l'ovule d'un tégument qui reste toujours ouvert au-dessus du sommet. Fréquemment l'ovule acquiert un second tégument qui naît au-dessous du premier et l'enveloppe de la même façon (fig. 84, 85, 86, 87, 88). Le tégument le plus extérieur s'appelle la *primine*, celui qui est plus en dedans est la *secondine*; quant au sommet de l'ovule enveloppé par le tégument, il porte le nom de *nucelle*. La portion de tissu située au-dessous de la primine et qui rattache l'ovule à son support est le *funicule*; elle reste habituellement grêle tandis que l'ovule s'épaissit plus ou moins.

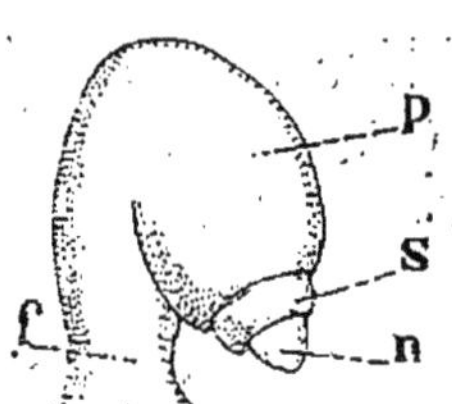

Fig. 87. —Ovule anatrope, *f* funicule, *p* primine, *s* secondine, *n* nucelle.

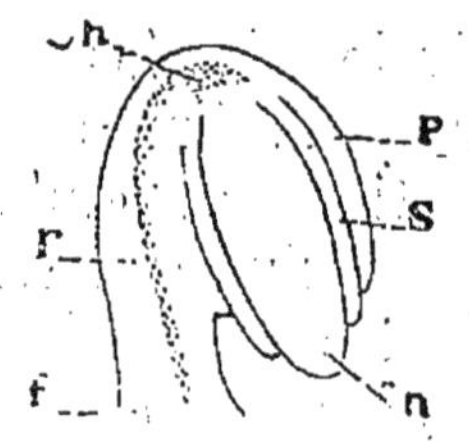

Fig. 88. — Ovule anatrope complètement développé.

Enfin, l'ouverture qui persiste au sommet des téguments et qui permet à un corps, venu de l'extérieur, d'atteindre le tissu du nucelle, sans perforer le tégument, est le *micropyle*. En même temps que l'ovule grossit, il peut arriver, ou qu'il conserve sa forme primitive, ou qu'il se déforme plus ou moins ; dans le premier cas l'axe du nucelle reste dans le prolongement du funicule, l'ovule est dit *orthotrope* : ce cas est le plus rare. Les ovules *anatropes* sont beaucoup plus nombreux ; chez eux le tissu se recourbe de telle sorte qu'à la fin du développement, le nucelle est complètement renversé, et le micropyle tourné vers le support de l'ovule. On voit alors le funicule s'attacher à l'ovule en un point voisin du micropyle, ce point porte le nom de *hile* ; c'est là

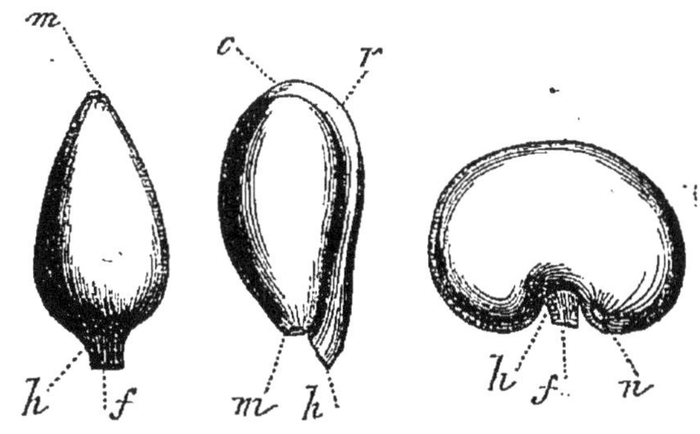

Fig. 89. — Différentes formes d'ovules ; 1 orthotrope ; 2 anatrope ; 3 campylotrope. Dans ces trois figures *m* désigne le micropyle ; *h* le hile ; *f* le funicule ; *c* la chalaze ; *r* la raphé.

que le funicule se rompt lorsque la graine mûre se détache de la plante-mère (fig. 89). A partir du hile, un cordon vasculaire, le *raphé*, suit l'un des côtés de l'ovule, va passer sou la base du nucelle, et là s'arrête ou se divise pour se distribuer dans la primine. Ce point de terminaison ou de dispersion du raphé s'appelle la *chalaze*. Nous avons supposé jusqu'ici que l'axe du nucelle reste droit pendant la déformation de l'ovule, mais il peut arriver que cet axe se courbe, les ovules ainsi constitués sont dits *campylotropes* (fig. 90).

Lorsque l'ovule a pris sa forme définitive, l'une des cellules situées sur son axe s'agrandit beaucoup et devient le *sac embryonnaire*. Elle

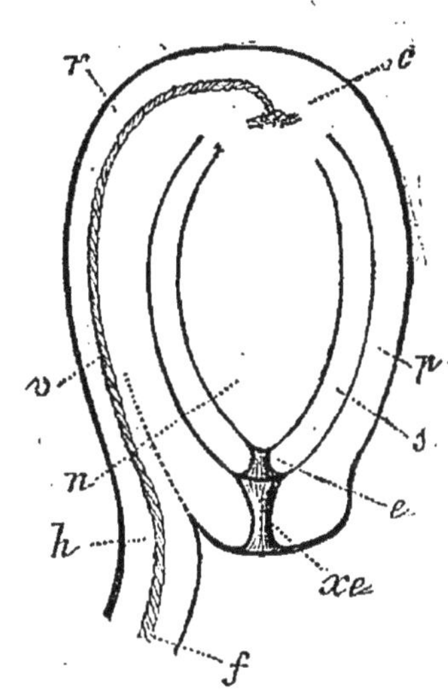

Fig. 90. — Ovule anatrope coupé en long.

contient à son extrémité voisine du micropyle un globule de protoplasma que l'on nomme *vésicule embryonnaire*.

72. — Les phanérogames se divisent en deux classes :
1° Les Gymnospermes ; 2° les Angiospermes.

CLASSE VIII

GYMNOSPERMES

73. — Caractères généraux. — Ces plantes forment une classe sous plusieurs rapports intermédiaire entre les Cryptogames vasculaires et les Angiospermes. Quoique encore assez nombreuses dans la nature actuelle, les plantes de cette classe ont joué un rôle encore plus important dans les époques géologiques antérieures; leur plus grand développement a succédé à celui des Cryptogames vasculaires, et précédé l'ère actuelle où prédominent les Angiospermes. Sous ce rapport encore les Gymnospermes nous apparaissent comme un groupe de transition.

Les Gymnospermes sont toutes des plantes ligneuses et vivaces, terrestres, à feuilles vertes et très persistantes; leurs organes de fructification (pollen et ovules) sont portés sur des feuilles modifiées groupées le long de rameaux particuliers, en un organe complexe que l'on appelle *cône* (on lui donne quelquefois le nom de fleurs, bien que leur organisation soit moins complète que celle de la véritable fleur des Angiospermes). Le pollen est en général pluricellulaire; il est reçu dans la chambre formée en haut de l'ovule par les bords du micropyle et le sommet du nucelle; là il développe son boyau pollinique qui, pénétrant jusqu'au sac embryonnaire, féconde les vésicules embryonnaires et détermine la formation de l'embryon, qui se constitue avec une radicule, une tigelle et deux ou plusieurs cotylédons.

Les Gymnospermes se subdivisent en trois ordres :

74. — Ordre I. Cycadées. — Plantes à port de Palmier;

feuilles très-grandes réunies en bouquet au sommet d'une tige généralement dépourvue de ramifications.

Ces plantes habitant toutes l'Inde, le sud de l'Afrique, l'Australie et l'Amérique tropicale, n'ont pas d'usages assez importants pour nous retenir plus longtemps.

75. — **Ordre II. Conifères.** — Longtemps réunies aux dicotylédones, auxquelles elles ressemblent par leur port et surtout par le mode d'accroissement transversal de leur tige, ainsi que par l'organisation de leur embryon, les conifères doivent être séparées à cause du mode de formation de l'embryon, de l'absence d'une véritable fleur et même de leur mode de ramification bien moins développé que celui des

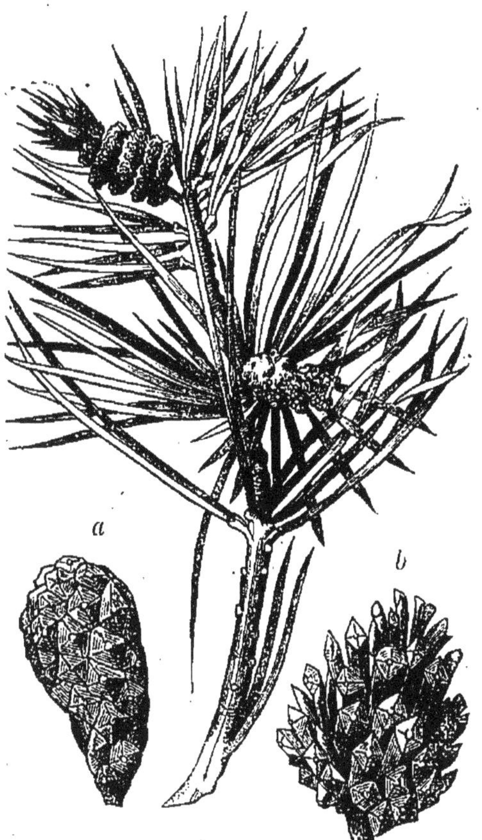
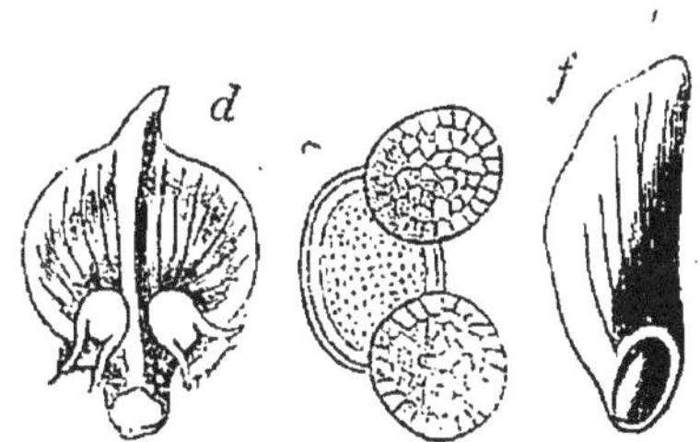

Fig. 91. — Pin silvestre : *a* cône encore fermé ; *b* cône mûr dont les écailles se sont écartées pour laisser échapper les graines ; *d* écaille portant deux ovules ; *e* grain de pollen ; *f* graine mûre bordée d'une aile.

arbres dicotylédones. On y distingue trois familles :

Abiétinées. — Arbres généralement élevés, résineux, à tronc conique, à rameaux ordinairement verticillés ; feuilles persistantes ou caduques (Mélèze), raides, étroitement linéaires. Plantes monoïques ou dioïques (fig. 91). Cône mâle formé d'étamines nombreuses, serrées les unes contre les autres et composées chacune d'un filet épais renflé à son sommet en un disque auquel sont suspendus deux ou plusieurs sacs polliniques. Cône femelle composé d'écailles sessiles sur l'axe du cône, renflées au sommet et portant sur leur sur-

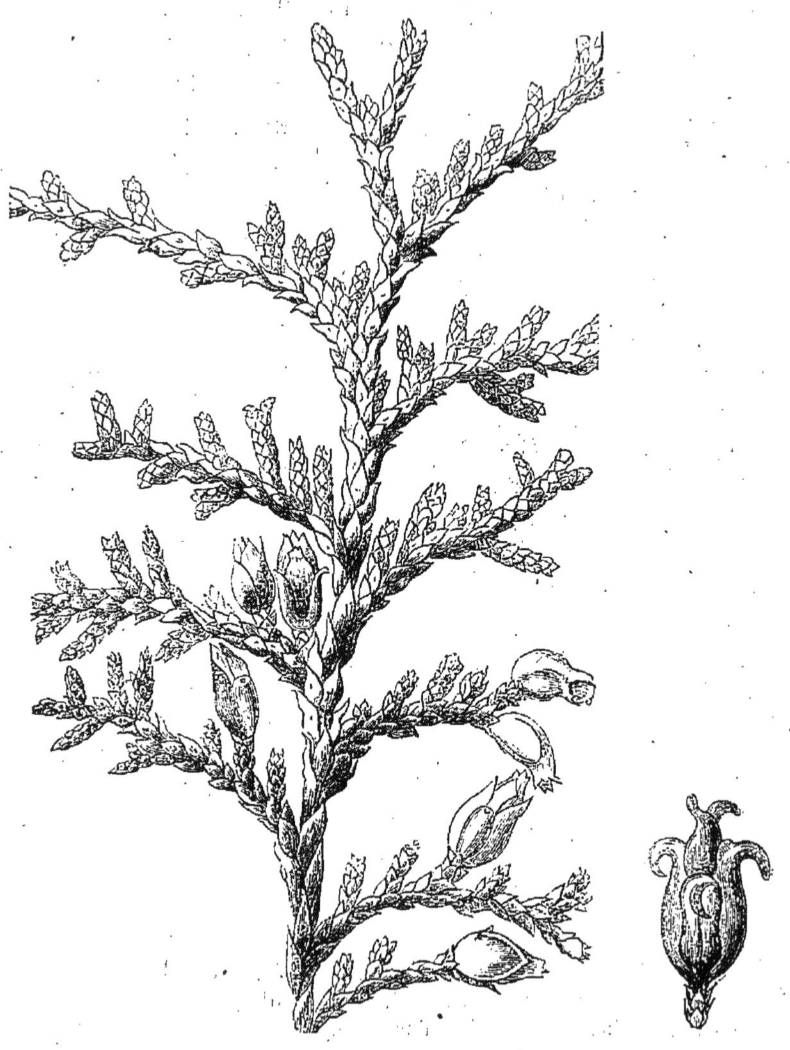

Fig. 92. — *Thuya orientalis;* rameau et cône mûr.

face inférieure, près la base, deux ou plusieurs ovules à micropyle largement ouvert et tourné vers l'axe du cône. Graine à enveloppe coriace ou osseuse, contenant un albumen huileux et un embryon à deux ou plusieurs cotylédons. Les graines sont enfermées entre les écailles épaissies et lignifiées du cône, et mises en liberté quand celles-ci s'écartent les unes des autres.

Les Abiétinées sont répandues sur toute la surface du globe, surtout dans les régions tempérées et froides, et sur les hautes montagnes, où elles forment des forêts considérables. Les Pins, Sapins et Mélèzes sont les genres représentés en Europe; ils produisent des bois recherchés pour les constructions et fournissent, en outre, des résines d'où on extrait l'essence de térébenthine, du goudron, etc. Le *Sequoia gigantea*, le plus grand des végétaux connus, car il dépasse cent mètres de hauteur, appartient à cette famille, et vit sur les montagnes de la Californie et du Mexique.

CUPRESSINÉES. — Arbres ou arbrisseaux résineux, très rameux; feuilles persistantes, opposées, au moins dans les parties supérieures de la tige, généralement très petites et formant comme des écailles à la surface du rameau. Plantes monoïques ou dioïques (fig. 92). Cône mâle constitué par des étamines nombreuses, en forme de champignons, portant au-dessous du disque qui les termine plusieurs sacs pollinifères. Cône femelle à écailles peu nombreuses, verticillées sur un axe court, et portant vers leur base un ou plusieurs ovules orthotropes. Graine à tégument mince ou ligneux, pourvue d'un albumen peu abondant. A la maturité les écailles du cône sont assez souvent charnues.

Fig. 93. — If (*Taxus baccata*), rameau mâle.

Les Cupressinées préfèrent un climat tempéré, chaud, mais sont répandues sur beaucoup de points du globe. Les genres Cyprès et Genévrier se rencontrent en Europe; ils fournissent un bois estimé pour certains travaux, et quelques espèces donnent des produits aromatiques recherchés. Les cônes mûrs du Genévrier commun sont employés à la fabrication d'une liqueur.

TAXINÉES. — Arbres ou arbrisseaux non résineux, à rameaux épars; feuilles persistantes ou annuelles (*Gingko*), raides, linéaires ou quelquefois élargies. Plantes dioïques. Cône mâle à étamines nombreuses, en forme de champignons, portant sous leur disque plusieurs sacs polliniques. Cône femelle à ovule unique, orthotrope (fig. 93, 94, 95), donnant une graine dont le tégument osseux est entouré à la maturité d'une sorte de coupe charnue, appelée *arille*.

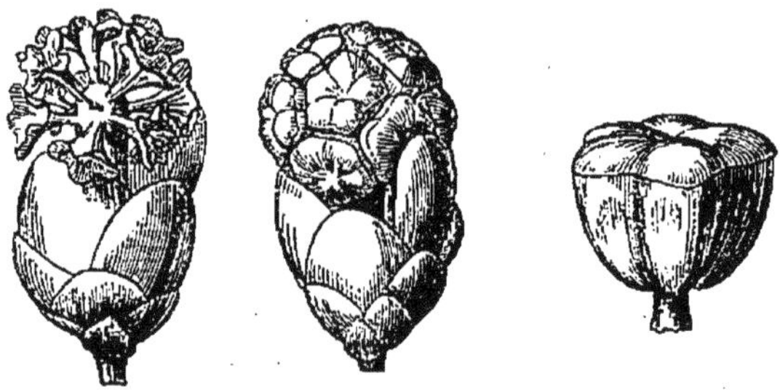

Fig. 94. — If; cône mâle : 1 avant l'émission du pollen; 2 après; 3 une des écailles polliniféres isolée.

L'espèce principale de la famille est l'If (*Taxus baccata*) dont le bois serait très estimé pour les travaux d'ébénisterie, s'il était moins rare d'en obtenir de grosses pièces.

Fig. 95. — Développement de l'arille autour de la graine de l'If : 1, 2, 3 états successifs; 4 graine mûre coupée longitudinalement.

76. — Ordre III. Gnétacées. —Cet ordre, peu nombreux en espèces, comprend des arbustes comme les *Ephedra* qui vivent sur nos côtes; des plantes sarmenteuses comme certains *Gnetum*; et enfin le singulier *Welwitschia*, de l'Afrique australe, qui pendant toute la durée de sa vie, plus d'un siècle, ne porte d'autres feuilles que ses deux cotylédons, lesquels peuvent atteindre deux mètres de long sur un de large.

CLASSE IX

ANGIOSPERMES

CARACTÈRES GÉNÉRAUX

77. — Les Angiospermes sont essentiellement caractérisées par ce fait que leurs ovules naissent dans une cavité fermée appelée *ovaire*. C'est sur un prolongement de l'ovaire qui forme le *style*, dont le sommet porte le nom de *stigmate*, que le grain de pollen est déposé et qu'il germe en un boyau pollinique dont l'extrémité pénètre à travers les tissus de l'ovule jusqu'au sac embryonnaire pour opérer la fécondation. L'ovaire est formé de feuilles modifiées qui prennent le nom de *carpelles;* mais ces feuilles ovulifères, au lieu d'exister seules, comme nous l'avons vu dans l'appareil reproducteur des gymnospermes, sont ici habituellement accompagnées par d'autres feuilles transformées que l'on appelle suivant les cas *sépales* ou *pétales*. Les feuilles pollinifères ou *étamines* sont également accompagnées de sépales ou pétales, et même, dans la plupart des cas, il arrive que les carpelles et les étamines sont rapprochés les uns des autres et entourés d'un même système de feuilles protectrices. C'est à cet ensemble complexe que l'on donne le nom de *fleur;* c'est lui que nous allons étudier d'une manière générale pour définir les termes qui seront employés dans la description particulière des familles.

78. — **Fleur.** — La fleur peut être complète lorsqu'elle comprend les quatre sortes d'organes énumérés plus haut : sépales, pétales, étamines et carpelles; elle est dite incomplète, au contraire, si une ou plusieurs de ces espèces d'organes lui manquent. On dira que la fleur est *nue* si elle n'a ni sépales, ni pétales; lorsqu'elle ne possède qu'une seule sorte d'enveloppe, on admet généralement que ce sont les pétales qui manquent, et la fleur est *apétale*; si l'on ne veut pas décider quelle est la nature de l'enveloppe unique, on lui donne le nom de périanthe qui ne préjuge rien de sa nature.

Si ce sont les étamines ou les carpelles qui manquent, la fleur est unisexuée, femelle dans le premier cas, mâle dans le second; on dit aussi dans ce cas que les fleurs sont *diclines* par opposition aux fleurs *hermaphrodites* où les deux sexes sont réunis; enfin, une espèce est dite *monoïque* lorsqu'un même individu porte les deux sortes de fleurs, et *dioïque* quand certains pieds n'ont que des fleurs mâles et d'autres que des fleurs femelles; un dernier cas est possible où le même individu possède des fleurs unisexuées mélangées à des fleurs hermaphrodites, on dit alors que la plante est *polygame*.

Il semble, d'après la définition, qu'une fleur ne peut exister si elle ne contient ni étamines, ni carpelles; cependant on ne peut refuser ce nom de fleur à certains organes, qui, par leur structure et leur aspect, rappellent complètement les fleurs normales de l'espèce considérée, mais où les organes sexuels ne sont pas développés : on les appelle des fleurs *neutres*. On en trouve des exemples à la périphérie des capitules de beaucoup de Composées.

Nous allons maintenant reprendre l'examen des différentes parties de la fleur, en étudiant pour chacune les principales modifications dont elle est susceptible.

79. — Calice. — Les sépales considérés tous ensemble constituent le *calice*; ils sont en général insérés à la même hauteur sur la portion de tige qui porte la fleur et que l'on nomme *pédoncule*. Tantôt libres entre eux, tantôt plus ou moins adhérents par leurs bords et formant une sorte de tube; dans le premier cas on dit que le calice est *dialysépale*, dans le second qu'il est *gamosépale*. On trouve quelquefois, au lieu de la première de ces expressions, celle de *polysépale*, et, à la place de la seconde, celle de *monosépale*; mais ces derniers termes doivent être rejetés, car il est bien certain que le calice tubuleux d'une Primevère n'est pas formé par une pièce unique comme l'indiquerait le mot monosépale, et il est clair que l'on ne peut pas opposer le mot polysépale au mot gamosépale.

Le calice est le plus habituellement vert et herbacé comme les feuilles végétatives de la plante ; s'il prend une autre couleur analogue à l'une de celles que l'on observe sur les corolles, on l'indiquera en disant qu'il devient *pétaloïde*.

Les sépales peuvent être égaux entre eux ou inégaux ; dans le premier cas le calice est *régulier*, dans le second il est dit *irrégulier*, mais ce terme ne doit pas faire naître l'idée d'une différence de forme arbitraire entre les sépales ; on remarque, en effet, pour les calices comme pour les corolles et les autres parties de la fleur, qu'une symétrie bien nette subsiste dans la prétendue irrégularité ; la fleur irrégulière peut être partagée en deux moitiés symétriques par le plan qui contient l'axe (fig. 96) sur lequel elle est portée et l'axe même sur lequel s'insèrent ses différentes parties ; les deux moitiés symétriques ne pourraient pas être superposées, mais elles sont l'une par rapport à l'autre comme un objet et son image dans un miroir. Les botanistes expriment souvent ce fait en disant que ces fleurs sont *zygomorphes* ; les fleurs de l'Aconit, les fleurs de la Pensée sont dans ce cas.

Fig. 96. — Fleur irrégulière d'*Aconitum napellus*.

Dans le bouton les sépales entourent et recouvrent entièrement les organes de la fleur insérés plus haut qu'eux et par conséquent plus intérieurs. En général la fleur s'ouvre par l'écartement des sépales qui s'étalent et laissent apercevoir les organes internes ; quelquefois toute là partie supérieure des sépales se détache et tombe, exemple : *Eschscholtzia*.

Le calice peut donc disparaître au moment de l'épanouissement : on dit qu'il est *caduc* ; mais plus habituellement il dure autant que la fleur elle-même : il est *persistant*. Il peut même arriver qu'il s'accroisse après la floraison et forme une enveloppe spéciale autour du fruit. On observe de semblables calices *accrescents* dans le *Physalis alkekengi* et beaucoup d'autres plantes.

Nous avons supposé jusqu'ici que le calice formait un verticille distinct des autres verticilles de la fleur, très-souvent cela n'est pas le cas, et la substance des organes internes est continue avec celle du calice. Les pétales et les étamines peuvent naître sur le tube du calice qui est toujours gamosépale dans ce cas. Les fleurs qui présentent cette disposition sont dites *périgynes*.

Enfin, les carpelles eux-mêmes peuvent se confondre par leur face externe avec le tube du calice; dans les fleurs qui offrent cette disposition le calice est dit *adhérent*, les fleurs elles-mêmes sont *épigynes*. Il semble que la partie inférieure de la fleur est la continuation du pédoncule et que les sépales, les pétales et les étamines naissent du sommet de l'ovaire. Les fleurs des Légumineuses, celles des *Cuphea*, sont des exemples de périgynie, tandis que le *Fuchsia* peut être pris pour type des fleurs épigynes.

80. — **Corolle.** — On donne le nom de *Corolle* à l'ensemble des pétales, qu'ils soient complètement libres entre eux comme on le voit dans les corolles *dialypétales* des Renoncules, ou plus ou moins adhérents par leurs bords comme dans les corolles *gamopétales* du Tabac. Les corolles se distinguent généralement de toutes les autres parties de la plante par leur coloration variée; cependant on devra conserver ce nom à des organes verts, si, par leur position et leur forme, ils offrent les propriétés vraiment caractéristiques des corolles.

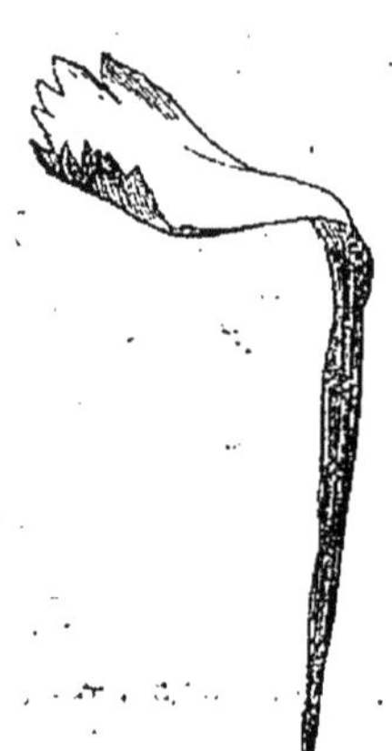

Fig. 97. — Œillet pétale.

La forme des corolles est extrêmement variée. On y distingue, comme dans les calices, des formes régulières et des formes irrégulières ou mieux zygomorphes. Pour les corolles dialypétales régulières nous indiquerons seulement la forme *rosacée* constituée par cinq pétales qui s'insèrent par une partie courte et rétrécie, et la forme *caryophyllée* où la portion rétrécie du pétale, longue et verticale, porte le nom d'*on-glet* (fig. 97), tandis que la partie supérieure large et étalée est le *limbe*. Quant aux corolles dialypétales irrégulières la forme la plus remarquable est celle des fleurs *Papilionacées*, qui sera décrite à propos de la famille des Légumineuses.

Les corolles gamopétales régulières offrent plusieurs formes qui ont reçu des noms spéciaux; elles sont :

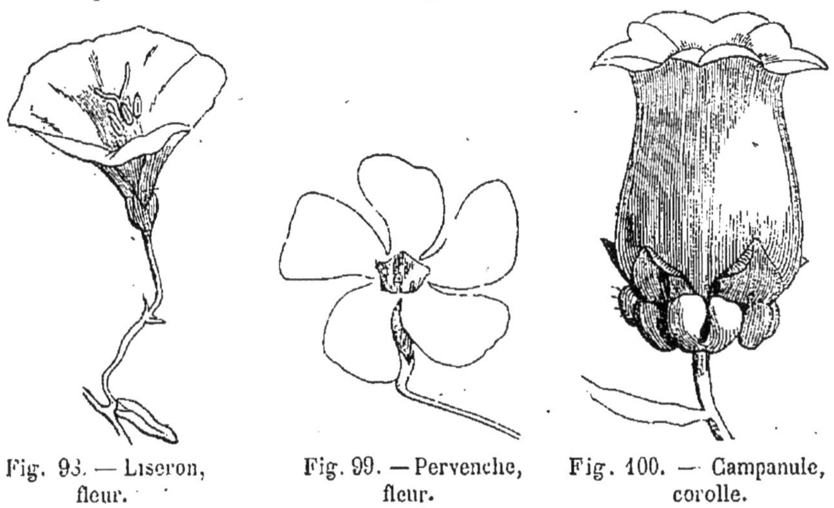

Fig. 93. — Liseron, fleur.

Fig. 99. — Pervenche, fleur.

Fig. 100. — Campanule, corolle.

Tubuleuses, quand le tube, long et cylindrique, est continué par le limbe qui suit la même direction (Consoude).

Infundibuliformes, ou en entonnoir, quand la partie supérieure forme un tube large relié par un étranglement à un tube étroit situé au-dessous (Liseron) (fig. 98).

Rotacées, quand les divisions du limbe sont étalées perpendiculairement au tube (Pervenche) (fig. 99).

Campanulées, quand le tube est graduellement évasé (Campanule) (fig. 100).

Urcéolées, lorsque le tube, renflé au milieu, est rétréci aux deux extrémités (Bruyère cendrée, fig. 101).

Fig. 101. — Bruyère, corolle urcéolée.

Les corolles gamopétales irrégulières seront décrites à propos des familles où on les rencontre.

La corolle tombe généralement lorsque la fécondation est faite; si cependant elle persiste après cette époque, on dit qu'elle est *marcescente*.

Le rôle de cet organe brillant et si souvent doué d'une odeur caractéristique n'a pu être bien compris que lorsqu'on a connu combien est fréquente l'intervention des insectes dans la fécondation des plantes. Il paraît évident que la corolle doit contribuer à attirer, par sa couleur ou son odeur, ces auxiliaires sans lesquels, comme nous le verrons plus loin, la fécondation serait souvent impossible ; elle les guide vers les accumulations de suc doux et mielleux qui existent dans différentes parties de la fleur, et que l'on appelle *nectaires*. Les nectaires n'ont pas de place déterminée et peuvent dépendre des pétales, des étamines ou des pistils ;

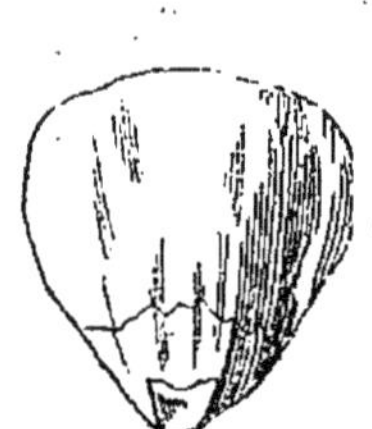

Fig. 102. — Renoncule, pétale nectarifère.

Fig. 103. — Oignon, étamine.

on en voit de beaux exemples à la base des pétales de Renoncule (fig. 102) et de Fritillaire.

81. — **Étamines.** — Les étamines, dont la réunion forme l'*androcée*, se composent chacune d'un filament grêle, le *filet*, et d'un renflement terminal, l'*anthère* (fig. 103). Le filet peut être plus ou moins long ; il peut même manquer tout à fait, l'anthère est alors dite *sessile*. Quant à l'anthère c'est la partie essentielle de l'étamine qui ne saurait exister sans elle, à moins de devenir stérile et de se réduire à l'état de *staminode*.

ANTHÈRE. — L'anthère se compose de deux loges placées sur les côtés d'un prolongement du filet, nommé *connectif*, (fig. 104). Nous n'insisterons pas sur les variations de forme et de dimension que peut présenter le connectif et qui seront signalées à propos des familles où elles se présentent.

Les loges de l'anthère contiennent une poussière habituellement colorée qui est le *pollen*, et s'ouvrent pour laisser échapper leur contenu. On donne le nom de déhiscence à cette rupture de l'anthère ; elle se fait le plus habituellement par une fente longitudinale placée sur la face interne des anthères *introrses*, et sur la face externe des anthères *extrorses*. Quelquefois la déhiscence se fait par un trou percé au sommet de l'anthère : elle est *apicale* (Bruyère, *Solanum*), ou par des valves qui se soulèvent à la maturité (Laurier, Épine-vinette).

Nous avons déjà vu que les anthères pouvaient s'insérer sur l'axe de la fleur ou sur le calice, ou enfin sur les pétales. Elles peuvent être tout à fait libres les unes par rapport aux autres ou plus ou moins soudées, tantôt par leurs filets, tantôt par leurs anthères ; dans le premier cas, les anthères sont *monadelphes* si elles forment un seul faisceau, *diadelphes* quand il y a deux faisceaux, on les nomme *polyadelphes* quand on ne tient pas à spécifier le nombre de faisceaux qu'elles forment ; enfin, elles peuvent être plus ou moins soudées avec les carpelles eux-mêmes.

82. — **Gynécée ou pistil.** — L'ensemble des carpelles constitue le *gynécée* ou *pistil*, qui peut affecter des formes très-différentes.

L'élément fondamental est le carpelle, où l'on distingue trois parties : un renflement inférieur, l'*ovaire*, creusé d'une cavité contenant les ovules ; une tige, le *style*, qui prolonge le sommet de l'ovaire et se termine par un renflement ou un groupe de poils, le *stigmate*. Dans l'ovaire on remarque que la portion de la paroi sur laquelle sont placés les ovules offre toujours une structure particulière, c'est ce que l'on nomme le *placenta* (fig. 105). Nous avons indiqué plus haut le rôle du stigmate et du style dans la fécondation ; il est clair que le style n'a qu'une importance très accessoire : on trouve en effet des stigmates sessiles sur le sommet de l'ovaire.

La variété de forme du gynécée provient des rapports que

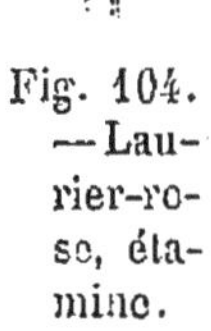

Fig. 104. —Laurier-rose, étamine.

peuvent affecter les carpelles entre eux ou avec les autres parties de la fleur. Quand la fleur ne possède qu'un seul carpelle, il est toujours libre et isolé au centre de la fleur (Pois).

Beaucoup de fleurs (Magnolia, Fraisier, etc.) présentent des carpelles nombreux, libres les uns des autres, et insérés à diverses hauteurs sur le prolongement du pédoncule. Quelquefois les carpelles forment un verticille (Hellébore), tout en restant libres d'adhérence entre eux ; puis on voit, par des transitions insensibles, la soudure s'établir entre les différents carpelles verticillés, et un nouveau type de gynécée se produit, où la fleur ne possède qu'un ovaire unique subdivisé

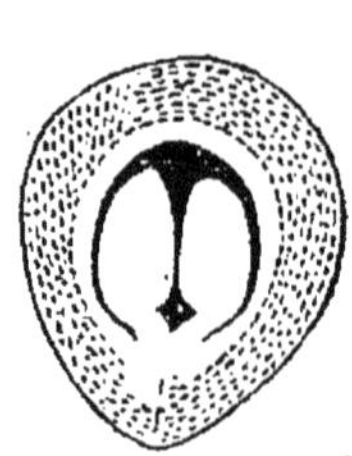

Fig. 105. — Pêcher, ovaire jeune coupé transversalement.

Fig. 106. — Campanule, ovaire coupé transversalement.

par des cloisons verticales en plusieurs loges et surmonté d'autant de styles qu'il y a de loges.

On imagine facilement que la soudure allant un peu plus loin, les styles se confondent en une colonne unique et même les stigmates en un corps globuleux (Tulipe). Dans cet ovaire les placentas des différents carpelles sont réunis près de l'axe de la fleur, ce qui fait dire que la *placentation* est *axile* (fig. 106). Il peut d'ailleurs subsister entre eux un prolongement de l'axe floral facile à reconnaître chez les Géraniums et les Mauves, sans que le plan général d'organisation soit notablement modifié.

Le carpelle n'est qu'une feuille repliée le long de sa nervure médiane de manière à ce que ses bords chargés d'ovules viennent se souder pour constituer le placenta. Les modifications qu'il subit, dans certaines fleurs monstrueuses montrent cela très nettement. On peut imaginer que plusieurs feuilles carpellaires se rapprochent et se soudent l'une avec l'autre, au lieu de se replier sur elles-mêmes et de se fermer; il résultera de ce mécanisme une cavité close où les placentas dessineront des lignes sur la paroi de l'ovaire, au lieu d'être réunis en une colonne dirigée suivant l'axe : c'est ce que l'on appelle un ovaire à *placentation pariétale* (Pensée) (fig. 107). Il est normalement uniloculaire, mais comme les placentas sont généralement saillants, il peut arriver que cette saillie s'accentue jusqu'à atteindre l'axe de l'ovaire qui alors paraîtra divisé en autant de loges qu'il y a de carpelles. Pour distinguer ces loges de celles qui sont produites par le mécanisme très différent que nous avons analysé plus haut, on leur donne le nom de fausses loges (Crucifères, Papavéracées).

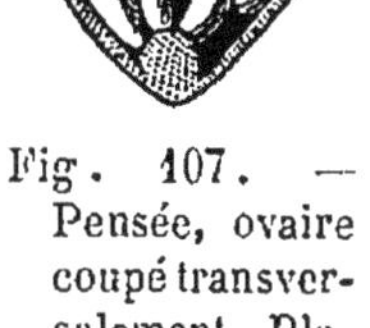

Fig. 107. — Pensée, ovaire coupé transversalement. Placentation pariétale.

· Enfin, chez les Primevères on trouve un ovaire uniloculaire dont le centre est occupé par un placenta chargé d'ovules, que l'on nomme placenta libre parce qu'il ne paraît pas relié aux parois de l'ovaire ; il est cependant fromé par la réunion de plusieurs portions des fellnise carpellaires qui constituent la paroi. Ces portions placentaires tiennent au reste de la feuille seulement par leur base ; elles correspondent si l'on veut aux stipules des feuilles carpellaires.

83. —Dans ce qui précède nous avons supposé l'ovaire unique placé au milieu de la fleur et libre d'adhérence avec les parties plus externes, c'est le cas des ovaires *supères* (fig. 108) ; mais il peut arriver que le tube calicinal et la paroi de l'ovaire se fondent en un tissu continu : l'ovaire est alors dit *infère* (fig. 109). L'ovaire infère est toujours formé de plusieurs carpelles, mais il peut être uniloculaire à placentation pariétale (Orchidées, Groseillier), ou pluriloculaire à placentation axile (Iridées, Fuchsia, Pomacées).

Nous avons décrit plus haut, en donnant les caractères généraux des phanérogames, la structure et les formes des ovules ; nous avons en même temps indiqué à grands traits les effets de la fécondation sur l'ovule et la transformation de cet organe en graine. Il n'y a pas lieu d'y revenir ici, les détails relatifs à chaque sorte de graine se trouveront à la description des familles.

84. — **Fruit.** — En même temps que l'ovule se transforme en graine, l'influence de la fécondation se fait sentir sur d'autres parties de la fleur et détermine la formation du *fruit*.

On appelle fruit proprement dit le corps qui provient de la modification d'un carpelle libre ou d'un ovaire unique. Il arrive souvent dans ce cas que les parties de la fleur étrangères à l'ovaire ressentent l'influence de la fécondation,

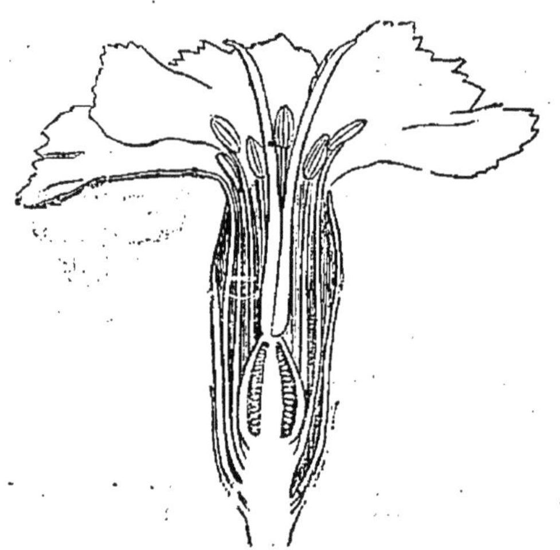

Fig. 108. — Œillet (*Dianthus caryophyllus*), fleur coupée en long.

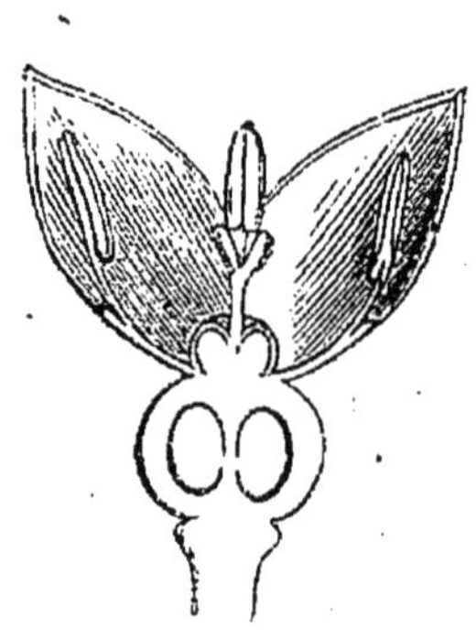

Fig. 109. — Garance, fleur coupée en long.

et il se produit des faux fruits comprenant, outre l'ovaire modifié, des parties qui ne proviennent pas de l'ovaire. Par exemple, dans le *Mirabilis jalapa*, le fruit mûr est enfermé dans une coque épaisse et coriace qui provient de la modification de la base du calice. De même on devrait donner ce nom à tous les fruits qui proviennent d'un ovaire infère, tels que la pomme, la capsule de l'Iris, etc. Dans la pratique, on ne l'emploie pas dans ces derniers cas. Les fruits multiples que peut produire une fleur unique à plusieurs ovaires distincts, comme dans la Ronce, forment par leur réunion des *syncarpes* ; la Fraise est à la fois un syncarpe et un faux fruit, puisque chacun des petits grains qui se trouvent à sa surface est un véritable fruit et que le réceptacle s'est gonflé et ramolli après la fécondation. Dans d'autres cas un ovaire unique se partage à la maturité en fragments distincts que l'on appelle des *méricarpes*, exemple : Ombellifères, Labiées.

On a donné des noms spéciaux aux principales formes de fruits. Nous définirons seulement ceux qui se rencontrent dans beaucoup de familles; pour les autres nous renverrons aux descriptions des familles.

a. Fruits secs. — I. *Fruits secs indéhiscents.* — L'*Akène* a un péricarpe sec, mince, coriace, et ne contient qu'une graine.

Fig. 110. — Ancolie, follicule.

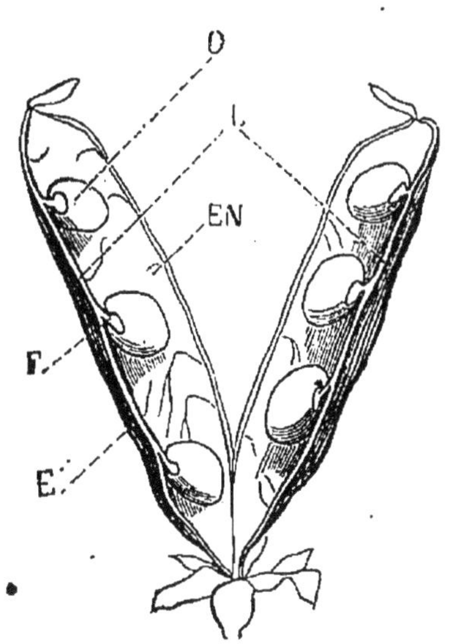

Fig. 111. — Pois.

Le *Cariopse* est un akène dont le péricarpe est soudé avec la graine.

II. *Fruits secs déhiscents.* — Le *Follicule* est un fruit sec contenant plusieurs graines et s'ouvrant par une fente longitudinale sur l'emplacement du placenta (fig. 110).

Le *Légume* diffère du follicule parce qu'il s'ouvre le long du placenta et le long de la suture dorsale de manière à former deux valves séparées (fig. 111).

Les *Capsules* comprennent tous les fruits secs pluriloculaires, déhiscents.

La déhiscence est dite *loculicide* lorsque chaque loge s'ouvre le long de sa nervure dorsale (*Tulipa*); *septicide* lorsque chaque cloison se dédouble de manière que les carpelles redeviennent libres, en même temps que chacun d'eux s'ouvre à la façon d'un follicule (Colchique fig. 112); enfin, *septifrage* quand les cloisons se brisent et permettent aux parois latérales de se séparer de l'axe du fruit (*Datura* fig. 113).

b. Fruits charnus. — La *Drupe*, habituellement uniséminée, est molle à la surface, dure au voisinage de la graine.

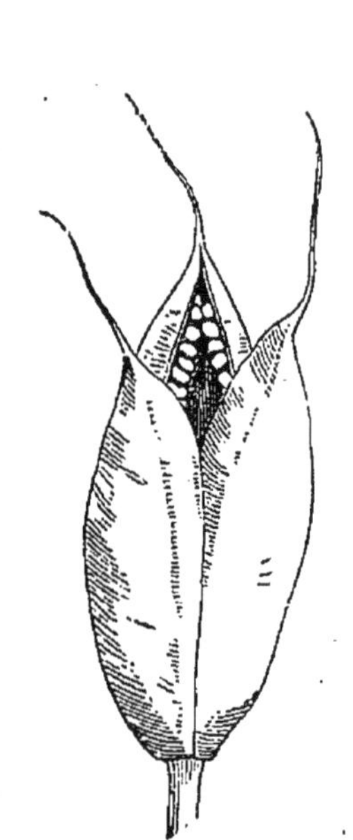

Fig. 112. — Colchique. Fruit déhiscent.

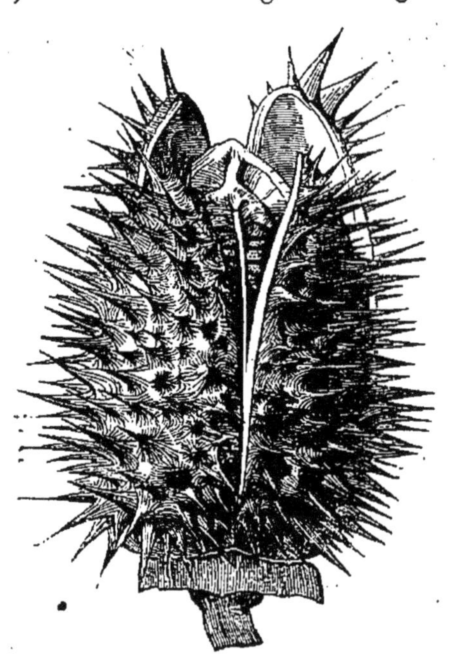

Fig. 113. — *Datura*, capsule à déhiscence septifrage.

La *Baie* comprend tous les fruits charnus à graines nombreuses.

85. — **Inflorescence.** — La fleur étant constituée par un ensemble de feuilles insérées sur un axe commun présente, au fond, la même composition que le bourgeon : c'est vraiment un petit rameau modifié; elle doit donc être soumise aux lois qui régissent la distribution des bourgeons, des rameaux sur les tiges principales; mais, en raison même des modifications qui les caractérisent, les branches florales présentent un aspect particulier qui fait donner à leur ensemble le nom général d'*inflorescence*, et de plus quelques-unes des dispo-

sitions les plus remarquables qu'elles affectent ont reçu des noms spéciaux.

Nous savons déjà que les rameaux naissent habituellement à l'aisselle des feuilles. De même il existe des fleurs dites *solitaires* ou *axillaires* qui naissent à l'aisselle de feuilles végétatives normales; elles occupent l'extrémité d'un rameau souvent constitué un peu autrement que les rameaux ordinaires, et que l'on appelle leur *pédoncule*.

Lorsque plusieurs fleurs sont rapprochées en une inflorescence complexe, chacune d'elles peut présenter, à la base de son pédoncule, une feuille habituellement plus petite, moins découpée que les feuilles normales de la plante, c'est une *bractée*.

La fleur diffère surtout du bourgeon parce que sa formation arrête définitivement l'allongement du rameau dont elle occupe le sommet, et cette propriété permet la division des inflorescences en deux groupes : les *inflorescences indéfinies* et les *inflorescences définies*.

86. — **Inflorescences indéfinies**. — Les *inflorescences indéfinies* sont celles dans lesquelles l'axe principal ne porte pas de fleur à son extrémité, et peut par suite s'allonger indéfiniment, d'où le nom qu'on leur donne ; au-dessous du sommet de cet axe

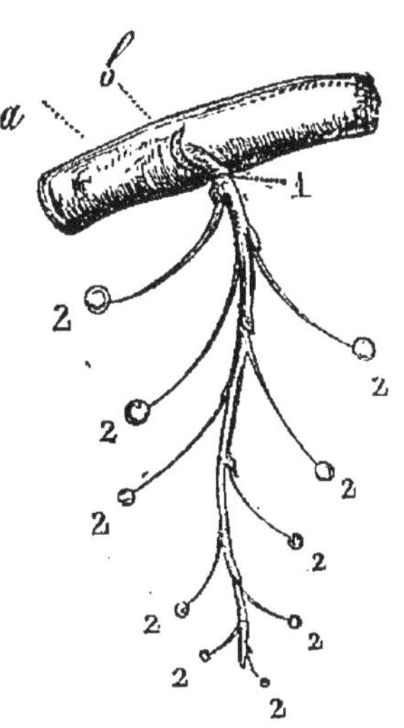

Fig. 114.— Figure théorique de la grappe simple ; *a* rameau, *b* cicatrice de la feuille à l'aisselle de laquelle naît l'axe principal de l'inflorescence; 2, 2, 2, fleurs terminant les axes secondaires.

naissent des rameaux pourvus ou non de bractées à leur base et terminés chacun par une fleur, les rameaux insérés à la partie inférieure étant toujours plus âgés que ceux qui sont situés plus haut; cette inflorescence s'appelle une *grappe* (fig. 114). On lui donne ce nom surtout quand les pédoncules latéraux restent tous à peu près égaux en longueur et plus petits que l'axe commun. La grappe peut se modifier par des variations de longueur des pédoncules.

Le *corymbe* (fig. 115) est une grappe dont les pédoncules

inférieurs sont assez longs, par rapport aux supérieurs, pour
que toutes les fleurs viennent se placer à la même hauteur.

L'*épi* (fig. 116) est une grappe à fleurs sessiles ; il présente
lui-même quelques modifications : le *chaton* dont toutes les
fleurs sont unisexuées et du même sexe ; le *spadice* qui porte
des fleurs femelles à la base, des fleurs mâles un peu plus
haut, et qui est enveloppé d'une grande bractée.

L'*Ombelle* (fig. 117) a un axe primaire extrêmement rac-

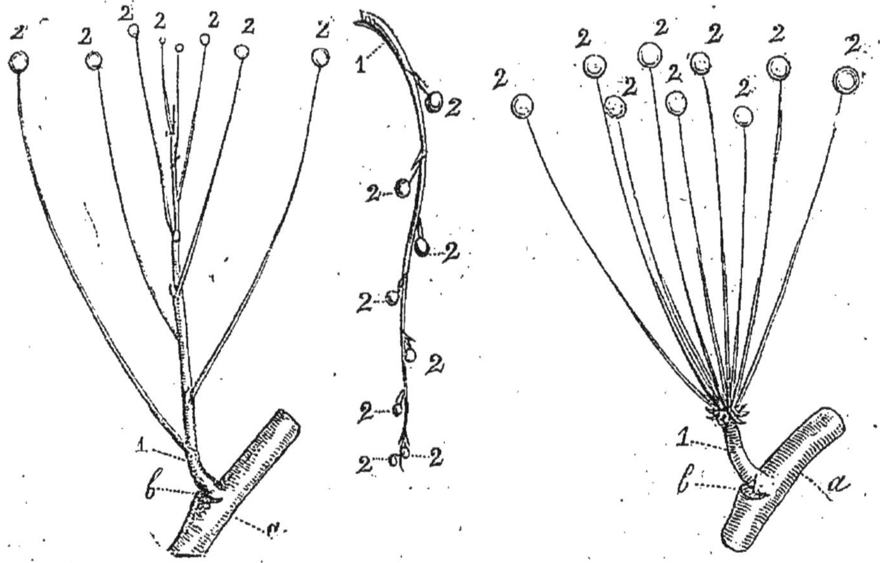

Fig. 115. — Corymbe.   Fig. 116. — Épi   Fig. 117. — Ombelle simple.
                                    simple.

courci, et des axes secondaires égaux entre eux ; de sorte que
tous les pédoncules semblent insérés au même point, et
que les fleurs se trouvent sur une surface sphérique ayant
pour centre le sommet de l'axe primaire.

Le *capitule* (fig. 118 et 119) peut être regardé comme une
ombelle dont les fleurs sont devenues sessiles. On conçoit
que, pour que cela soit possible, il faut que le sommet de
l'axe se soit élargi et présente aux fleurs une surface d'insertion que l'on appelle le *réceptacle commun*. Souvent les
bords de ce réceptacle portent de nombreuses bractées dont
l'ensemble est nommé *involucre* ou *péricline*.

Enfin, dans la *figue* on voit le réceptacle commun se replier

de façon à former une cavité presque fermée dont la surface
interne porte de nombreuses fleurs.

Nous avons supposé jusqu'ici que les rameaux secondaires
de l'inflorescence se terminaient chacun par une fleur, et

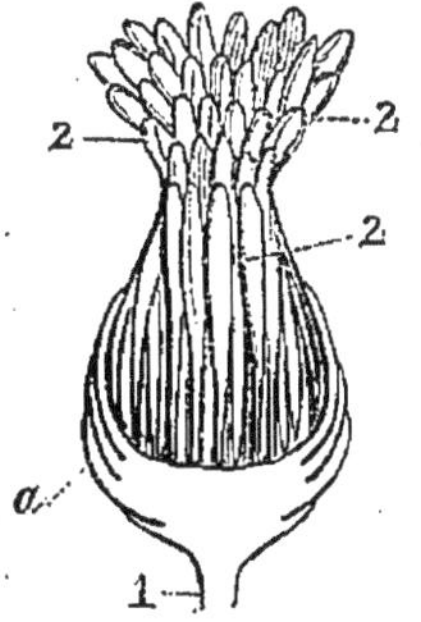

Fig. 118. — Capitule à réceptacle concave; *a* involuce.

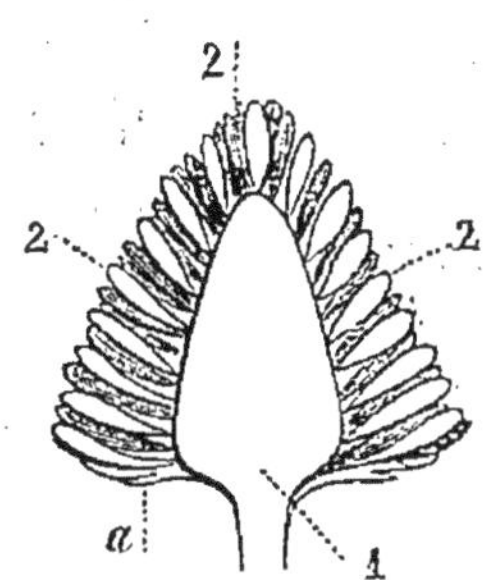

Fig. 119. — Capitule à réceptacle
convexe.

nous avons eu les inflorescences simples; mais il est facile
d'imaginer que les rameaux se divisent eux-mêmes pour donner des inflorescences composées. On observe, en effet, des

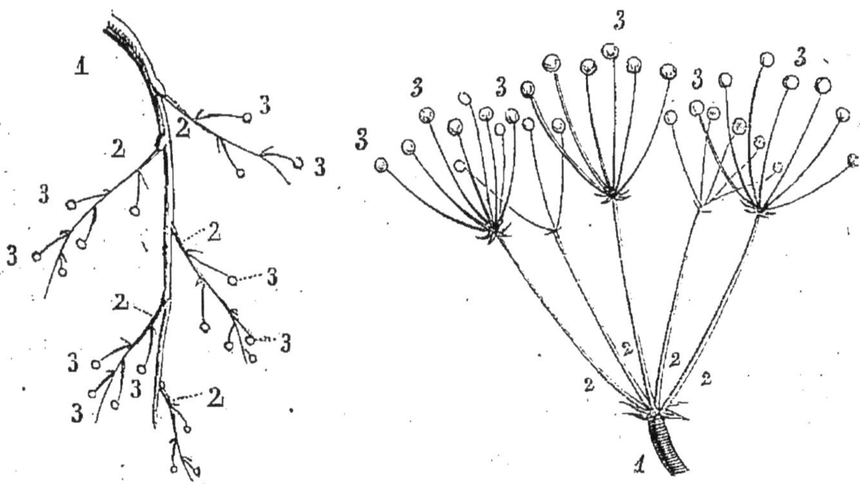

Fig. 120. — Grappe composée
ou panicule.

Fig. 121. — Ombelle composée.

grappes composées ou *panicules* (fig. 120) des corymbes,
des épis et des ombelles composés (fig. 121).

87. — **Inflorescences définies.** — Les *inflorescences
définies* sont celles où l'axe primaire se termine par une

fleur; immédiatement au-dessous de celle-ci naissent des rameaux terminés eux-mêmes par des fleurs, mais portant des rameaux tertiaires et ainsi de suite. Un pareil ensemble porte le nom de *cîme* (fig. 122). On désigne par les épithètes *bipares*, *tripares*, etc., les cimes qui portent au-dessous de chaque fleur deux, trois ou plusieurs rameaux secondaires. Les cimes *unipares* forment un cas particulier remarquable, surtout la *cime scorpioïde* (fig. 123) qui est enroulée en crosse, toutes les fleurs étant situées sur le coté externe de la crosse.

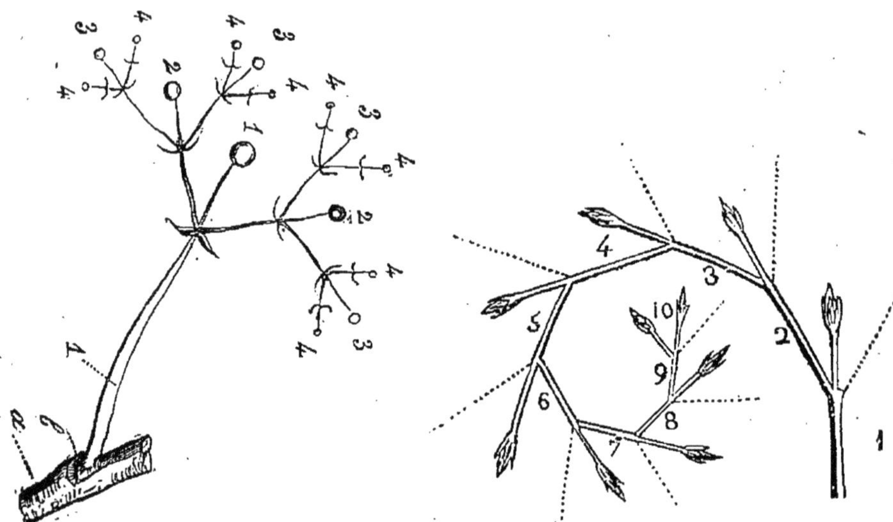

Fig. 122. — Cîme bipare.

Fig. 123. — Figure théorique de la cime scorpioïde.

88. — Il suffit de jeter un coup d'œil sur les figures ci-jointes pour voir que dans les inflorescences indéfinies les fleurs s'ouvrent de bas en haut, ou ce qui revient au même, de la périphérie vers le centre ; aussi les nomme-t-on souvent inflorescences *centripètes;* au contraire dans les cimes bipares c'est la fleur centrale qui s'épanouit la première : celles-ci méritent donc le nom de *centrifuges.*

Enfin, il peut arriver que les rameaux d'une grappe composée se comportent chacun comme une petite cime; on a alors une inflorescence mixte (fig. 124), puisqu'elle est indéfinie dans son ensemble et définie dans chacune de ses parties; tel est le cas du Marronnier d'Inde.

80. — Si l'on compare entre elles, au point de vue des relations de position et de nombre, les différentes parties de la fleur, on voit que les parties d'un verticille sont habituellement placées de telle sorte que leur ligne médiane corresponde au milieu de l'intervalle laissé entre deux organes voisins du verticille situé en dehors de celui que l'on considère. On exprime ce fait en disant que les deux verticilles sont alternes l'un par rapport à l'autre. Il résulte de cette règle que les pièces du troisième verticille seront exactement superposées [1] à celles du premier, toutes les fois du moins que les fleurs seront régulières.

En général, la corolle a le même nombre de pièces que le calice. Il y a au contraire deux fois plus d'étamines que de pétales ; enfin très habituellement le nombre des carpelles est

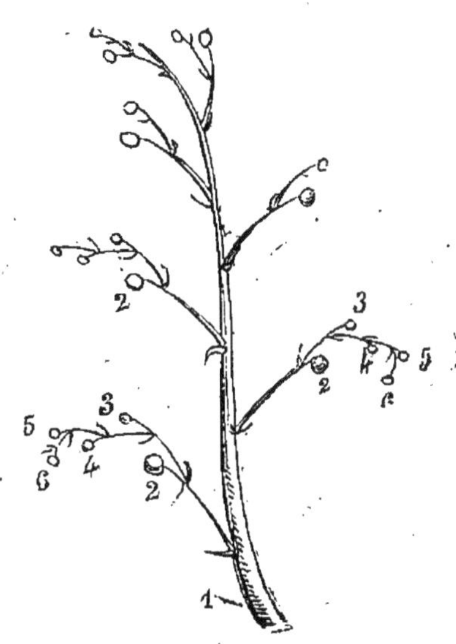

Fig. 124. — Grappe de cimes unipares scorpioïdes.

inférieur à celui des pétales. Ces relations de nombre sont d'ailleurs extrêmement variables ; on les figure brièvement ainsi que les relations de position par des *diagrammes*, sortes de plans de la fleur dont on trouvera de nombreux exemples dans les descriptions de familles. Au contraire les relations d'insertion entre les organes floraux sont exprimées par des figures donnant la coupe verticale de la fleur.

90. — Les Angiospermes se divisent en deux sous-classes :

1° Les Monocotylédones ;
2° Les Dicotylédones.

1. On dit que deux organes sont *superposés* lorsqu'ils ont leur milieu sur un même rayon partant du centre de la fleur, et qu'ils sont d'un même côté du centre. S'ils étaient de deux côtés différents du centre, on les dirait *opposés*.

LES MONOCOTYLÉDONES

91. — Caractères généraux. — Caractérisées par la structure de leur embryon à un seul cotylédon, ces plantes offrent encore dans toutes leurs parties une organisation qui diffère en beaucoup de points de ce que l'on observe chez les Dicotylédones. La tige, le plus souvent souterraine, formé tantôt un rhizome cylindrique plus ou moins ramifié, antôt un bulbe tuniqué ou solide; plus rarement elle devient aérienne, soit grimpante, soit dressée, dans les Palmiers, Yucca, etc; quelle que soit sa forme, elle présente en coupe transversale des faisceaux isolés les uns des autres par un tissu cellulaire mou ou durci (fig. 125), mais n'offre jamais les couches annuelles d'accroissement qui caractérisent le tronc des Dicotylédones et des Conifères. Si dans les Palmiers elle peut acquérir un diamétre assez consi-

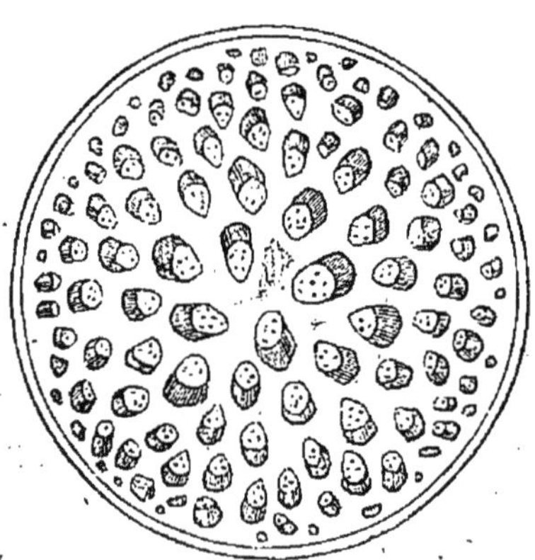

Fig. 125. — Coupe transversale d'une tige de monocotylédone (Palmier).

dérable, cela tient à ce que chaque nouvel entre-nœud qui se forme pendant les premières périodes de la végétation a un diamètre supérieur à celui de l'entre-nœud précédent. La portion de la tige ainsi formée constitue un cône à pointe tournée vers le bas. Plus tard la tige s'allonge en un cylindre de diamètre constant, quelle que soit la durée de sa végétation. Elle produit de nombreuses racines adventives qui s'appliquent sur la partie inférieure du tronc et cachent la pointe grêle par laquelle le tronc touche le sol. Chez les *Pandanus* les racines adventives, plus grosses, s'écartent davantage de la base du tronc, qui, bien souvent se détruit au bout de quelques années, et alors l'arbre paraît suspendu au dessus du sol sur la charpente des racines adventives.

Pour les plantes à tige souterraine, le mode de végétation est le même, et, dans une plante âgée de quelques années, on ne peut jamais retrouver les portions de tige correspondant à la tigelle de l'embryon.

Les tiges de monocotylédones se ramifient en général fort peu, si ce n'est pour produire des branches portant des fleurs. Dans les plantes à tige souterraine, ces branches florales sortent seules du sol; elles ont une structure et une consistance souvent bien différentes de celles de la tige souterraine.

La racine, dépourvue comme la tige de la faculté de s'accroître en épaisseur, ne présente que peu de ramifications, et la racine primaire se détruit généralement de bonne heure pour être remplacée par de nombreuses racines adventives.

Les feuilles s'insèrent habituellement par une base élargie qui entoure complètement la tige et forme souvent une gaîne; elles ont très-fréquemment les nervures droites et parallèles, et sont presque toujours simples.

La fleur est habituellement pourvue d'un périanthe où l'on ne peut distinguer la corolle du calice. Il présente cependant souvent deux verticilles de folioles, mais les deux verticilles sont semblables par la coloration et la consistance de leurs pièces.

Le plus habituellement chacun des verticilles du périanthe possède trois folioles; de même les verticilles de l'androcée comptent trois étamines, et le nombre trois est aussi le plus fréquent pour les carpelles.

La graine est ordinairement albuminée.

92. — **Classification des Monocotylédones.** — Les familles des monocotylédones peuvent être groupées en trois séries :

Les Fluviales, plantes aquatiques, à graine dépourvue d'albumen, et à organisation souvent imparfaite.

Les Micranthées, plantes terrestres à fleurs petites, souvent incomplètes, mais groupées en très-grand nombre, et à graine toujours albuminée ; nous étudierons dans ce groupe les deux familles des *Graminées* et des *Palmiers*.

Enfin, les Corolliflores, à périanthe bien développé et à graine toujours albuminée, sauf dans la remarquable famille des *Orchidées* que nous étudierons plus loin, ainsi que les familles des *Liliacées*, des *Amaryllidées* et des *Iridées*.

1. — Graminées

93. — Plantes annuelles ou vivaces, herbacées, rarement ligneuses (*Bambou*). Tige souterraine formant un rhizôme rampant plus ou moins ramifié, qui, dans les espèces vivaces, émet chaque année des branches simples ou peu ramifiées,

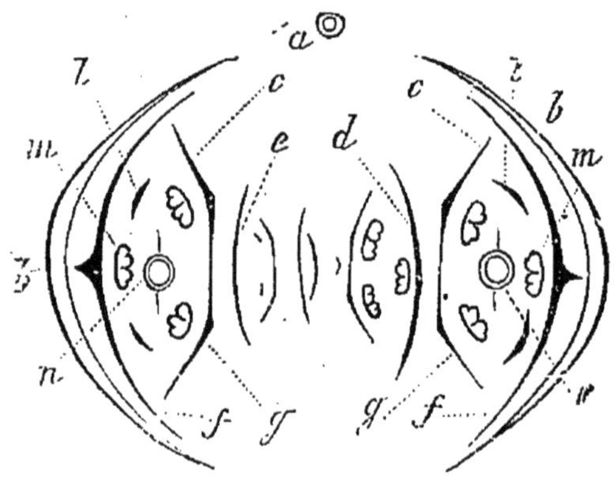

Fig. 126. — Diagramme d'un épillet d'Avoine ; *a*, axe de l'épi ; *b, b*, glumes ; *c, c*, fleurs hermaphrodites de la base de l'épillet ; *d*, fleur mâle ; *e*. fleur neutre du sommet de l'épillet ; *f*, glumelle inférieure ; *g*, glumelle supérieure ; *l*, glumellules ; *m*, étamines ; *n*, ovaire.

aériennes, affectant la forme de *chaumes*, c'est-à-dire cylindriques, creuses, à cavité interrompue aux nœuds par des planchers transversaux ; les nœuds sont plus ou moins renflés. Feuilles alternes, distiques, naissant de tout le pourtour du nœud, et formant une gaîne ouverte qui enveloppe un ou plusieurs entre-nœuds et porte à son sommet un limbe linéaire, entier, à nervures parallèles (fig. 126 et fig. 127) ; au sommet de l'angle que forment la gaîne et le limbe on remarque une ligule généralement membraneuse, rarement (*Bambou*) la base du limbe est arrondie en une sorte de pétiole. Fleurs hermaphrodites, quelquefois diclines, monoïques ou dioïques, groupées en petits épis (*épillets*), qui, eux-mêmes, peuvent se réunir en un épi composé ou être portés par des pédoncules rameux et former une panicule. Epillets uniflores ou pluriflores, portant à la base deux *glumes* opposées, insérées l'interne un peu plus bas que l'externe, la première souvent plus petite ou quelquefois nulle. Fleurs pourvues chacune de deux bractées (*glumelles*) inégales, opposées, l'inférieure et externe ayant une nervure médiane qui souvent se prolonge en une arête plus longue que la glumelle, la supérieure et interne munie de deux nervures latérales formant des carènes saillantes, habituellement minces, membraneuses, quelquefois nulles. Périanthe imparfait composé d'écailles verticillées (*glumellules*), hypogynes, membraneuses, normalement au nombre de trois, deux externes, une superposée à la glumelle bicarénée, cette dernière avorte habituellement. Étamines généralement trois, alternes avec les glumellules, c'est-à-dire une antérieure, deux latérales postérieures; quelquefois six (*Oryza*), ou plus (*Bambusa*), rarement deux (*Anthoxanthum*); filets capillaires, libres; anthères oscillantes. Ovaire libre, uniloculaire, uni-ovulé; stigmates deux, latéraux. Le fruit est un cariopse; graine formée d'un albumen farineux, abondant, contre la base duquel l'embryon s'applique par une portion élargie du cotylédon appelée *scutelle*.

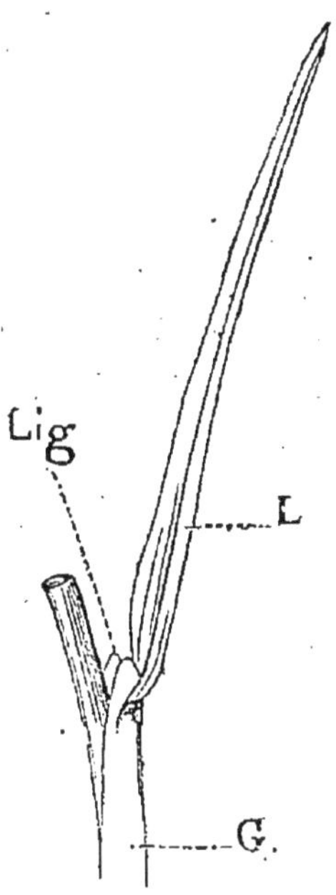

Fig. 127. — Paturin, feuille à ligule, *g*, gaîne; *l*, limbe; *lig.*, ligule.

Cette immense famille est distribuée sur toute la surface du globe et comprend quelques-unes des espèces les plus importantes pour l'alimentation de l'homme et des animaux domestiques; d'autres sont employées à divers usages dans les arts ; en outre la variété d'organisation y fait distinguer jusqu'à treize tribus différentes ; nous ne pouvons les étudier complètement, mais il est indispensable d'indiquer au moins celles qui contiennent des plantes de première importance.

Tribu 1. — Andropogonées. — Épillets groupés par deux ou trois, l'un hermaphrodite, les autres mâles ou neutres.

Cette tribu, développée surtout dans les pays chauds, nous fournit la Canne à sucre (*Saccharum officinarum*), dont la tige est pleine d'une moelle gorgée d'un liquide sucré. La canne à sucre est cultivée aujourd'hui dans toute l'Amérique tropicale. A la même tribu appartient le Sorgho qui jouit des mêmes propriétés et est cultivé en Chine et en Afrique. Le genre *Andropogon*, qui a donné son nom à la tribu, fournit les rhizômes odorants nommés *vétiver*.

Tribu 3. — Oryzées. — Épillets tous fertiles ; généralement six étamines.

L'espèce type est le Riz (*Oryza sativa*) originaire de l'Inde et cultivé aujourd'hui dans tous les pays chauds et humides, depuis le Bengale jusqu'à la Caroline et même la Lombardie. Sa graine contient un amidon presque pur à grain très-petit, et forme la base de l'alimentation dans beaucoup de pays, bien qu'elle soit loin d'avoir la valeur nutritive du Blé.

Tribu 4. — Phalaridées.

L'espèce la plus importante est le Maïs (*Zea maïs*) (fig. 128) dont l'origine est incertaine, mais qui est cultivé en très grande quantité dans toutes les contrées dont la température moyenne n'est pas inférieure à celle du midi de la France. Les fleurs y sont monoïques ; les mâles formant une panicule au sommet de la plante, tandis que les femelles sont groupées en plusieurs épis volumineux entourés de grandes bractées et occupant la base de la tige.

Les tribus 5 (Phleinées) et 6 (Agrostidées) sont, ainsi que la tribu 2 (Panicées), uniquement formées de plantes fourragères, au moins en Europe.

Les tribus 7 (Stipées) et 8 (Arundinées) ont encore moins d'importance, bien que la première contienne le *Stipa tenacissima* qui croît spontanément en Algérie et sous le nom d'*alfa* commence à être utilisé pour la fabrication de la pâte à papier. Il en est de même des Chloridées et Pappophorées qui sont surtout exotiques ; au contraire les trois dernières tribus ont une grande importance dans nos climats.

Tribu 11. — AVÉNÉES. — Épillets disposés en panicule rameuse ; glumelle inférieure pourvue d'une arête genouillée et tordue.

Les *Avena*, genre type de cette tribu, sont bien connues

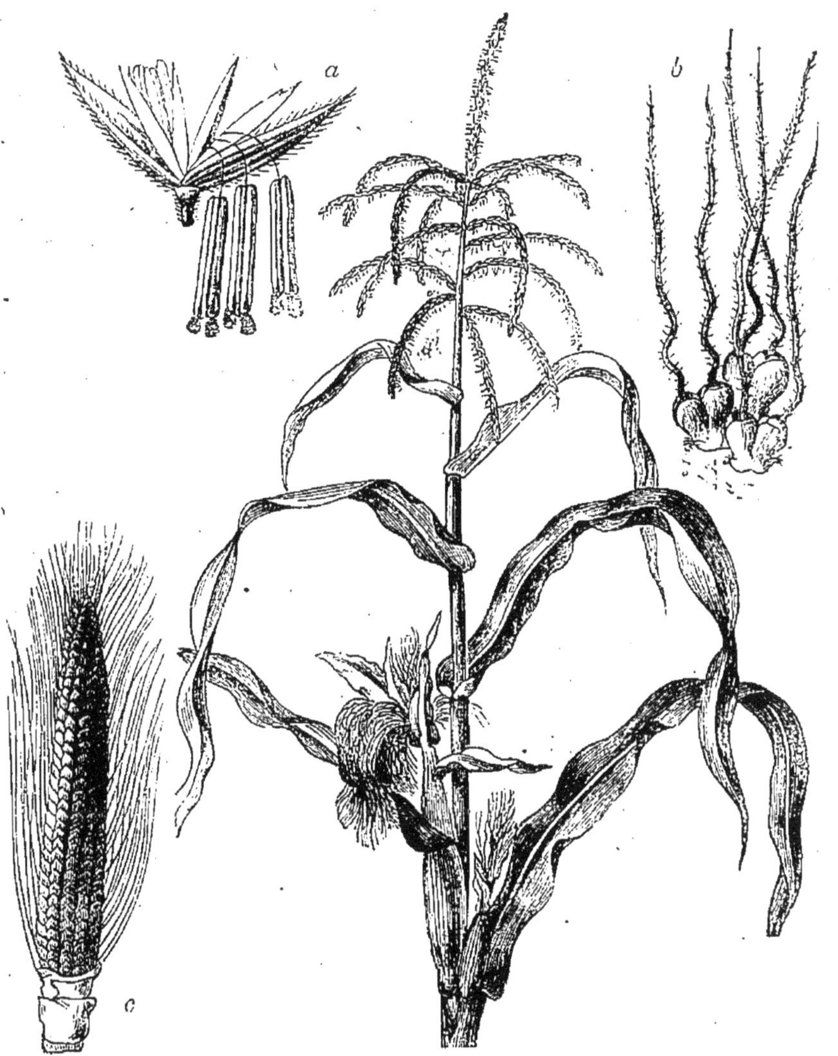

Fig. 128. — Maïs ; *a*, fleur mâle ; *b*, fleur femelle ; *c*, épi femelle dépouillé de ses enveloppes.

pour l'usage qu'on fait de leurs fruits pour l'alimentation du cheval ; l'avoine peut même servir de nourriture à l'homme, les genres *Aira*, *Holcus*, *Trisetum*, etc., jouent un rôle important dans la végétation de nos prairies naturelles.

Tribu 12. — Festucées. — Épillets tous fertiles, disposés en panicule rameuse ou en épis; glumelle inférieure pourvue d'une arête non tordue.

Cette tribu très nombreuse comprend des plantes de très petite dimension comme les *Poa*, et d'autres d'une taille gigantesque, comme les Bambous employés souvent dans les constructions de la zone torride; elle fournit en outre par les genres *Briza, Bromus, Festuca, Dactylis, Cynosurus,*

Fig. 129. — Épi de seigle (*Secale cereale*); *b*, cariopse entier; *d*, le même coupé longitudinalement; *c*, embryon vu de face; *e*, embryon coupé longitudinalement.

une grande partie des graminées fourragères des pays tempérés.

Tribu 13. — Triticées. — Épillets tous fertiles disposés en épi composé (fig. 129).

C'est la plus importante de toutes pour l'homme, à qui elle donne les orges (*Hordeum*), le seigle (*Secale*), et enfin les blés (*Triticum*). On ne connaît pas d'une façon certaine le pays d'origine de nos blés cultivés, que l'on ne trouve jamais à l'état spontané. Nous aurons occasion de faire la même remarque à propos de beaucoup d'autres plantes domestiques, et l'explication de ce phénomène est, sans doute, que les modifications apportées, par une culture très prolongée, dans l'organisation de ces plantes, sont devenues telles que l'on ne peut plus reconnaître l'identité des races cultivées avec les espèces sauvages.

2. — Palmiers

94. — Plantes vivaces, ligneuses, à tige dressée ou volubile. Feuilles alternes, pétiolées, à limbe penné ou palmé, les divisions provenant de la déchirure du limbe suivant les plis, et non pas de sa séparation en folioles distinctes. Fleurs petites, groupées en inflorescences ramifiées, à rameaux épais (*régime*) (fig.130), l'inflorescence tout entière pourvue d'une

Fig. 130. — Régime du Dattier sorti de la spathe.

bractée ou *spathe* souvent énorme. Fleurs généralement dioïques. Périanthe double (fig. 131 et 132), à six divisions formant deux séries alternes. Étamines six ou plus, à filets distincts ou soudés. Carpelles trois, distincts ou formant un ovaire triloculaire; loges habituellement uni-ovulées; ovules de forme variable; fruit le plus souvent uniséminé, l'un des ovules s'étant seul développé en une graine très-grosse qui a fait disparaître les deux autres loges; albumen abondant, corné ou huileux; embryon petit, logé dans une fossette de la surface de l'albumen.

Les Palmiers appartiennent exclusivement aux pays chauds. Le nombre de leurs espèces est très considérable, et leurs usages très variés. Mais, en raison même de leur origine exotique, nous ne ferons que signaler brièvement quelques-uns des types les plus importants.

Les *Calamus* (Rotang) ont des tiges sarmenteuses pouvant atteindre, dit-on, jusqu'à 600 mètres de longueur. La portion superficielle de ces tiges est d'une grande dureté, aussi l'emploie-t-on, sous le nom très impropre de jonc, pour en faire des ouvrages légers et solides.

Le Cocotier (*Cocos nucifera*) habite le voisinage des mers dans toute la région intertropicale ; sa tige fournit des bois de construction ; les fibres de ses feuilles servent à faire des cordages et de la toile ; le noyau de son fruit est un vase tout préparé ; son amande volumineuse, d'un gout délicat,

Fig. 131. — *Chamœrops humilis*,
fleur femelle, diagramme.

Fig. 132. — *Chamœrops humilis*,
fleur mâle, diagramme.

donne une nourriture recherchée, et le lait qui occupe le centre de la graine peut être bu en nature ou après avoir subi une fermentation.

Le Dattier (*Phœnix dactylifera*), arbre dioïque, du nord de l'Afrique (fig. 133), a pour fruit une baie à chair tendre et sucrée qui est l'un des principaux aliments des Arabes et des Nègres sahariens.

L'*Élaïs guineensis* de l'Afrique occidentale, le *Ceroxylon andicola* du Pérou, et le *Corypha cerifera* du Brésil, donnent des matières grasses, les unes comestibles, les autres employées surtout à la fabrication des savons.

Un très grand nombre d'espèces ont des fibres assez résistantes pour être textiles. Les Sagoutiers contiennent une moelle farineuse, nourrissante ; d'autres espèces, une sève sucrée que l'on peut soumettre à la fermentation et transformer en une sorte de vin.

Fig. 133. — *Phœnix dactylifera* (Dattier).

Enfin, par l'élégance de leur port, les Palmiers ont mérité le nom de princes des végétaux; ils impriment un caractère tout particulier aux paysages de leur patrie, et si la rigueur de notre climat ne permet guère de les utiliser en horticulture, ils sont le plus bel ornement de nos serres chaudes.

3. — Liliacées

95. — Plantes vivaces, herbacées, rarement arborescentes; tige simple ou rameuse au sommet; feuilles simples, entières, généralement linéaires et engaînantes, à nervures parallèles, rarement pétiolées et à nervures réticulées (*Smilax*).

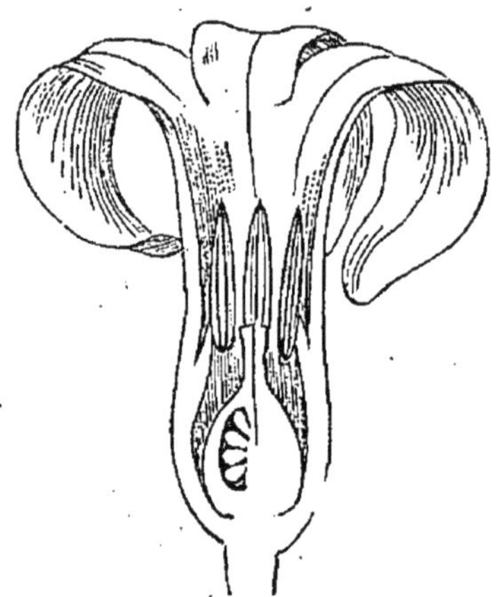

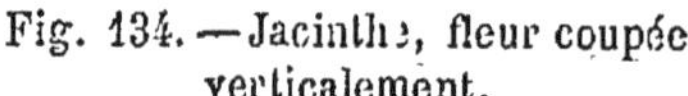

Fig. 134.—Jacinthe, fleur coupée verticalement.

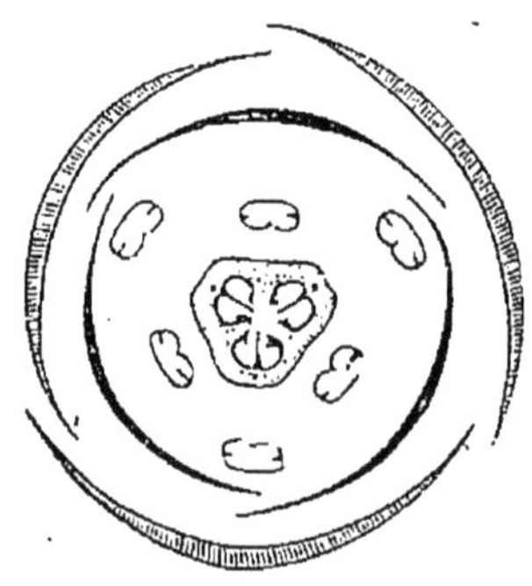

Fig. 135. — Jacinthe, diagramme.

Fleurs habituellement hermaphrodites, solitaires, en grappe ou en épi; périanthe pétaloïde, à six divisions bisériées, libres ou formant un tube divisé seulement au sommet (fig. 134 et 135); étamines six, insérées sur le réceptacle ou sur le périanthe; ovaire supère, triloculaire, les loges contenant un ou plusieurs ovules anatropes; style simple à trois stigmates plus ou moins distincts. Fruit variable, graines à albumen charnu et à embryon droit ou courbe.

Tribu 1. — Liliacées vraies. — Fruit sec, à déhiscence loculicide; style simple.

Ces plantes répandues sur toute la terre, excepté sous la zone glaciale, sont l'expression la plus parfaite du type monocotylédoné.

Quelques-unes d'entre elles, constituant le genre *Allium*, ont un rôle important dans l'alimentation de l'homme, exemple : ail (*A. sativum*), ognon (*A. Cepa*), poireau (*A. porrum*), etc. Leur tige courte forme la base d'un bulbe tuniqué qui est la partie généralement comestible. Leurs fleurs sont groupées en une ombelle sphérique enveloppée à l'état jeune d'une grande spathe membraneuse ; le périanthe est profondément divisé. Tout à côté de ce genre se place le *Scilla maritima*, remède puissant dans les affections goutteuses et rhumatismales.

Les *Aloe soccotrina, ferox*, etc., originaires d'Afrique, ont des tiges dressées, souvent arborescentes et ramifiées ; les feuilles charnues et épineuses forment des rosettes à l'extrémité des ramifications ; les fleurs ont un périanthe tubuleux. Ces espèces fournissent par l'incision de leurs feuilles un suc qui laisse, après évaporation, une résine très amère, l'aloës des pharmacies, employé comme purgatif.

Les *Hemerocallis, Funkia, Polianthes*, à périanthe tubuleux ; les *Yucca, Lilium, Tulipa*, à folioles du périanthe libres, sont cultivées comme plantes d'ornement.

Tribu 2. — Colchicacées. — Fruit sec, à déhiscence septicide ; trois styles.

Les Colchicacées sont répandues dans toutes les contrées tempérées et chaudes ; elles ont de l'importance au point de vue de la médecine ; les espèces les plus usitées sont : le Colchique (*Colchicum autumnale*) dont les fleurs paraissent l'automne, tandis que les feuilles et les fruits ne se montrent qu'au printemps suivant. Plusieurs espèces de genre *Veratrum* fournissent également des graines et des racines douées de propriétés énergiques.

Tribu 3. — Asparaginées. — Fruit charnu.

Le genre *Smilax* se distingue de tous les autres par ses feuilles pétiolées, à nervation réticulée ; il est surtout abondant dans l'Amérique tropicale et fournit les Salsepareilles employées en médecine.

Le genre *Asparagus*, remarquable par l'existence de rameaux à croissance limitée, que l'on prendrait facilement pour des feuilles, nous fournit les asperges ; celles-ci sont des branches épaisses et charnues qui poussent au commencement du printemps sur les tiges souterraines, et que l'on coupe avant leur entier développement.

D'autres espèces : le muguet (*Convallaria maialis*), le *Cordyline* et les *Dracæna* sont simplement des plantes d'ornement. A ce dernier genre appartient le *Dracæna draco*, dont un individu gigantesque et d'un âge considérable existait encore récemment dans les jardins de Orotava, à l'île de Ténériffe.

4. — Amaryllidées

96. — Herbes vivaces, à tige habituellement bulbeuse. Feuil

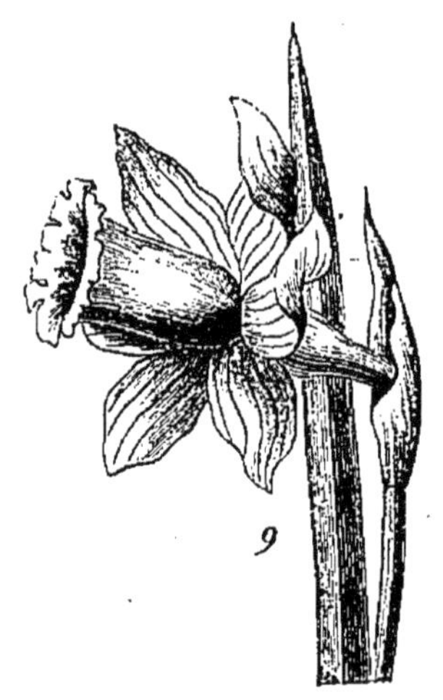

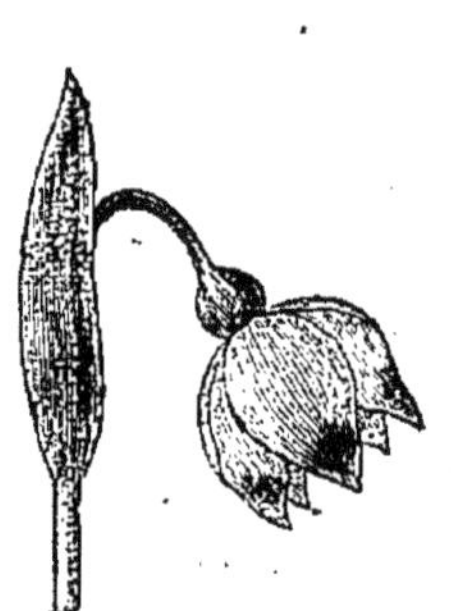

Fig. 136. — *Narcissus pseudo-narcissus.*   Fig. 137. — *Leucoium vernum.*

les entières, engaînantes à la base, à nervures parallèles ; les radicales généralement sur deux ou plusieurs rangs ; les supérieures alternes. Fleurs hermaphrodites, régulières ou irrégulières, solitaires ou en grappe, en ombelle, en épi. Périanthe pétaloïde, à six pièces tantôt libres, tantôt plus ou moins soudées en tube par le bas, souvent muni à la gorge d'une couronne pétaloïde qui est une ramification radiale des folioles du périanthe (*Narcissus*) (fig. 136 et 137). Étamines six, insérées sur le tube du périanthe, superposées aux divisions (fig. 138 et 139). Ovaire infère, triloculaire, à ovules nombreux, insérés dans l'angle interne des loges. Style simple à stigmate indivis ou lobé. Fruit capsulaire s'ouvrant en trois valves loculicides; graines à albumen charnu, embryon droit dans l'axe de l'albumen.

Les Amaryllidées ne diffèrent des Liliacées que par leur ovaire infère; elles appartiennent pour la plupart aux régions tempérées ou tropicales; elles sont particulièrement développées au cap de Bonne-Espérance.

Ce sont uniquement des plantes d'ornement. L'une des plus remarquables est l'*Agave americana*, originaire du Mexique, improprement nommée dans l'horticulture *aloès;* ses feuilles charnues, bordées de fortes épines, forment de grandes rosettes qui s'accroissent pendant de longues années

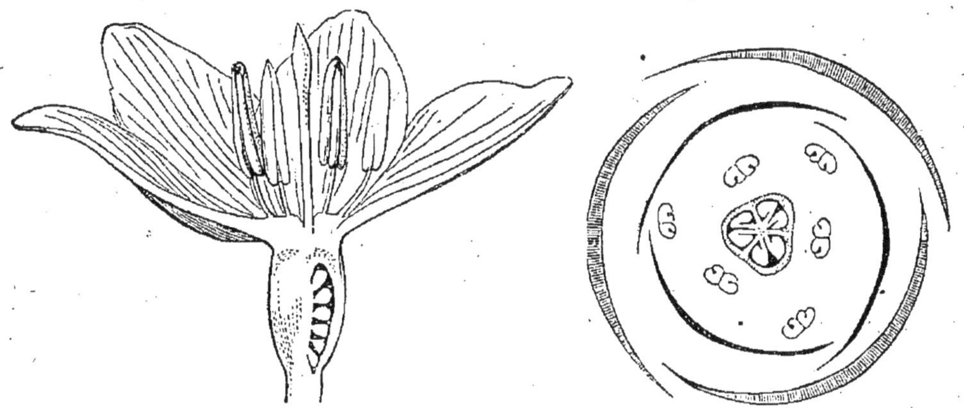

<table>
<tr><td>Fig. 138.—Nivéole, fleur coupée
verticalement.</td><td>Fig. 139. — Nivéole,
diagramme.</td></tr>
</table>

sans fleurir; puis la plante émet une hampe qui en quelques jours atteint plusieurs mètres de hauteur et se termine par une gigantesque panicule de fleurs. Si l'on coupe le bourgeon central un peu avant le moment où il produirait la hampe, on peut recueillir en abondance une sève très sucrée que les Mexicains font fermenter pour obtenir le *pulqué*, sorte de vin. Les fibres des feuilles peuvent être tissées ou transformées en papier; enfin, le tissu de la hampe, desséché, peut remplacer le liège.

5. — Iridées

97.—Herbes vivaces, à rhizôme tubéreux ou bulbeux. Feuilles distiques, engaînantes par leur partie inférieure et formant à la partie supérieure une lame verticale dont les deux faces correspondent à la face inférieure d'une feuille ordinaire. Fleurs hermaphrodites, régulières, en épi (fig. 140 et 141). Périanthe supère, pétaloïde, tubuleux, à 6 divisions disposées en deux séries habituellement dissemblables. Étamines trois, superposées aux folioles externes du périanthe. Ovaire triloculaire, dont les loges sont superposées aux étamines, et multi-ovulées. Fruit capsulaire, s'ouvrant en trois valves loculicides; graines à albumen charnu, à embryon droit.

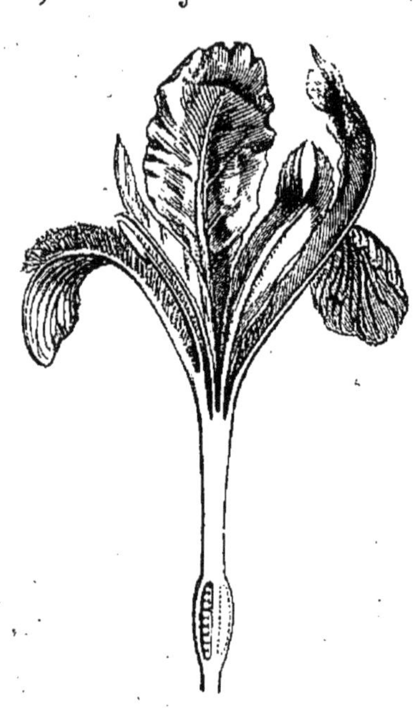

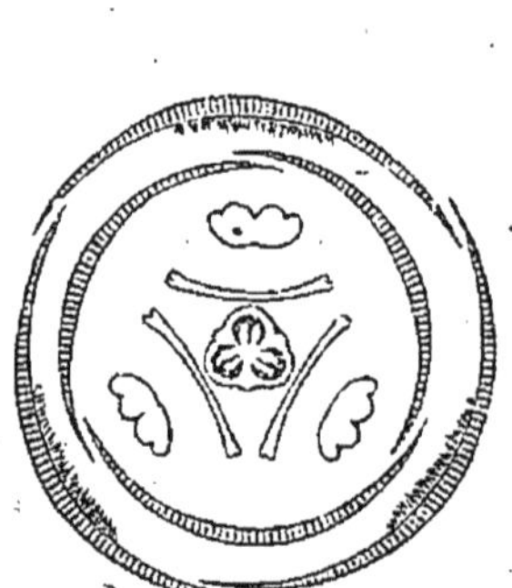

Fig. 140. — Iris, diagramme.   Fig. 141. — Iris, fleur coupée en long.

Les Iridées diffèrent des Amaryllidées par l'absence du verticille staminal interne; elles appartiennent pour la plupart aux régions tempérées, et ne sont guère que des plantes d'ornement, bien que le rhizôme d'*Iris florentina* soit employé comme parfum à cause de son odeur de violette, et que les stigmates du safran (*Crocus sativus*) fournissent un principe colorant jaune et servent de condiment à cause de leur odeur assez prononcée. Les *Iris* se distinguent facilement par les folioles internes de leur périanthe réfléchies en dehors au moment de la floraison, et leurs stigmates largement pétaloïdes. Les *Crocus* ont au contraire un périanthe campanulé.

Par leur ovaire infère et à la disparition d'une partie des
étamines, les Iridées peuvent être considérées comme un
passage entre les familles précédentes et le groupe des *Sci-
taminées*. Celles-ci ont la fleur irrégulière et l'androcée encore plus incomplet; chez les *Canna* par exemple, qui sont
cultivés dans tous les jardins, il ne reste plus qu'une étamine fertile, encore est-elle réduite à une seule loge. On
peut voir dans cette double
modification de la fleur un
passage à l'état encore plus
incomplet que va nous mon-
trer la famille suivante.

6. — Orchidées

98. — Plantes vivaces,
herbacées, terrestres ou épiphytes, c'est-à-dire vivant
suspendues aux branches des
arbres, mais sans emprunter
leur nourriture à la plante
qui les supporte. Tige quelquefois sarmenteuse (*Va-
nille*), plus souvent courte

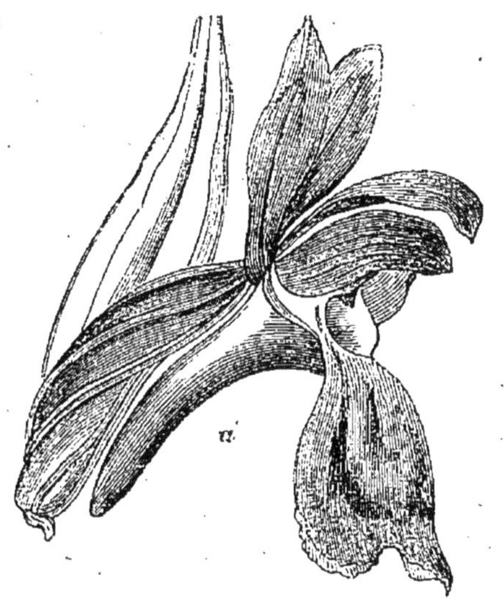

Fig. 142. — *Orchis*, fleur grossie.

et émettant chaque année des hampes florifères. Feuilles linéaires, à nervures parallèles, rarement réticulées. Fleurs
hermaphrodites, irrégulières, terminales ou en grappe. Périanthe pétaloïde, irrégulier, composé de six folioles libres ou
cohérentes, formant deux séries (fig. 142 et 143), les trois extérieures égales entre elles, les trois autres alternant avec
les précédentes; une des folioles internes prend un développement et une structure spéciale, c'est le *labelle*, normalement
tourné vers l'axe de l'inflorescence, mais souvent dirigé au
contraire vers l'extérieur, par suite de la torsion de l'ovaire sur
lui-même; le limbe du labelle, ordinairement divisé en trois
lobes, se replie en forme de sac dans le *Cypripedium*, porte
un long éperon (*Orchis*) (fig. 142), ou forme une pièce
renflée couverte d'un duvet velouté dans les *Ophrys*. L'androcée et le style sont soudés en une colonne opposée au

labelle et portant sur sa face antérieure le stigmate, à son sommet les loges polliniques; généralement il n'y a qu'une seule anthère (fig. 143), celle qni est opposée au labelle; dans les *Cypripedium* (fig. 144), au contraire, ce sont les deux anthères latérales qui se développent, la postérieure disparaissant. Le pollen, rarement pulvérulent, forme d'habitude des masses de consistance cireuse (fig. 145) qui remplissent les loges de l'anthère et se prolongent en un cylindre nommé *caudicule* qui se termine au-dessus du stigmate en un corps visqueux, le *rétinacle*. Ovaire infère, pourvu de trois placentas pariétaux superposés au verticille du périanthe qui comprend

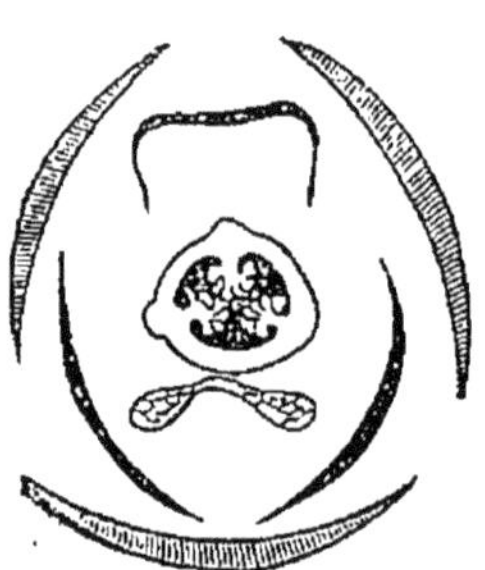

Fig. 143. — Diagramme
d'*Orchis mascula*.

Fig. 144. — Diagramme de
la fleur de *Cypripedium*.

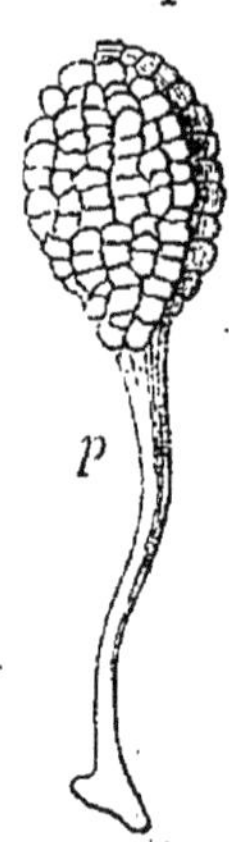

Fig. 145. — Une
masse pollinique
isolée.

le labelle; ovules excessivement nombreux, ne se développant qu'après que le pollen a été déposé sur le stigmate. Fruit, capsule membraneuse ou un peu charnue, s'ouvrant par six fentes longitudinales; graines excessivement petites, dépourvues d'albumen.

Les Orchidées (fig. 146) sont répandues dans toutes les contrées chaudes et tempérées, mais elles sont surtout nombreuses et variées dans les forêts humides des régions tropicales où vivent les espèces épiphytes douées des fleurs les plus belles et les plus étranges. Un petit nombre de ces plantes sont utiles à l'homme : la Vanille par son fruit à parfum suave; le Faham (*Angræcum fragrans*) par ses feuilles fournissant une sorte de thé; et différentes espèces d'orchis dont les bulbes mucilagineux constituent le *salep*.

Le véritable intérêt de cette famille est tout entier dans la beauté et la bizarrerie de ses fleurs ; leur culture difficile est le chef-d'œuvre de l'art du jardinier, et les serres qui y sont consacrées offrent le plus admirable spectacle.

Si l'on réfléchit à l'organisation des organes sexuels de ces fleurs, on verra facilement qu'il est presque impossible que le pollen arrive spontanément sur le stigmate. Le naturaliste anglais Darwin a étudié, avec beaucoup de détails, la manière dont se fait la fécondation chez ces plantes ; il a montré que c'est par l'intervention des insectes que le pollen passe de l'anthère d'une fleur au stigmate d'une autre fleur, et il a fait voir que ce procédé de fécondation, qu'il appelle *fécondation croisée*, est beaucoup plus avantageux pour la plante que l'*auto-fécondation* ou fécondation d'un stigmate par le pollen de la même fleur. Sans pouvoir ici analyser les mécanismes variés que présentent les différentes plantes de la famille, nous résumerons brièvement ce qui se passe chez l'*Orchis mascula*, la plus commune de nos espèces françaises. Un insecte se posant sur le labelle pour puiser le nectar contenu dans l'éperon, frôle de la tête la partie supérieure de la colonne ; alors les masses polliniques de l'anthère s'attachent par leur rétinacle visqueux à la tête de l'insecte et sont emportées par lui quand il s'envole. Aussitôt qu'elles sont sorties de leur loge, les masses polliniques s'abaissent en avant par la flexion des caudicules, et, si l'insecte se porte ensuite sur une seconde fleur de la même espèce, les

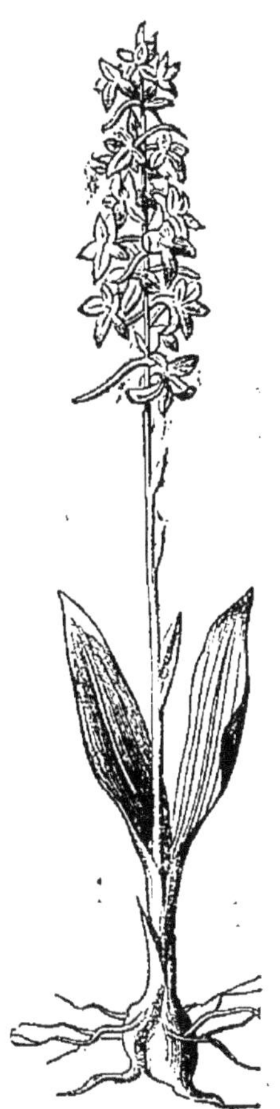

Fig. 146. — *Orchis mascula*, plante entière.

masses polliniques viennent précisément se placer sur le stigmate de cette seconde fleur. On peut d'ailleurs reproduire ce phénomène en introduisant la pointe d'un crayon dans l'éperon du labelle : on enlève les masses polliniques, on les voit se courber et on peut s'en servir pour féconder une seconde fleur.

SOUS-CLASSE II

LES DICOTYLÉDONES

99. — Caractères généraux. — Les *Dicotylédones* forment un groupe encore plus important par le nombre et la variété des espèces, que celui des monocotylédones. Le caractère tiré du nombre des cotylédons suffit il est vrai à les distinguer, mais non pas à donner une juste idée de l'importance des différences organiques qui séparent ces végétaux.

La tige des dicotylédones résulte de l'accroissement en longueur ou en diamètre de la tigelle de l'embryon ; de même la racine primaire, qui généralement persiste pendant toute la durée du végétal, provient directement de la radicule. L'accroissement en longueur se fait pour les deux organes par leur sommet, où de nouveaux tissus sont en voie de formation tout le temps que dure l'activité végétative de la plante. Quant à l'accroissement en diamètre, il est dû à l'existence d'une couche génératrice ou couche de cambium, dont la présence est facile à constater, surtout au printemps ; on sait, en effet, qu'à ce moment, un rameau de Sureau, par exemple, peut facilement être séparé en deux parties : l'écorce et le bois. On pourrait de la même façon détacher l'écorce du bois sur un fragment de racine. Sur les deux organes, la tige comme la racine, on trouverait les surfaces de séparation mouillées d'un liquide visqueux. Cette facile séparation de l'écorce et du bois est due à l'existence d'une couche, d'un tissu très délicat, à cellules gorgées de suc que l'on ne peut mieux comparer qu'au tissu jeune qui termine une ramification de la tige ou de la racine ; c'est cette couche que l'on appelle zone génératrice ou cambium. Pendant toute la durée de la végétation, depuis le printemps jusqu'à l'automne, le cambium forme de jeunes cellules, dont les unes durcissent et deviennent ligneuses, s'ajoutant au bois déjà formé, tandis que les autres se développent suivant un autre type et viennent s'adjoindre à l'écorce déjà existante. On comprend comment cette croissance intérieure augmente d'année en année le diamètre du bois, et force les couches superficielles de l'écorce à se fendiller, car ces couches ne peuvent pas s'accroître tandis que le corps qu'elles enve-

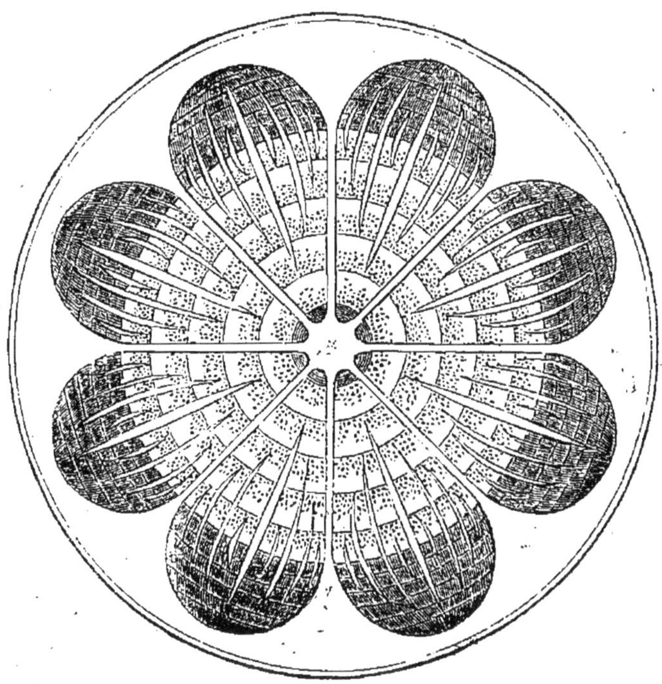

Fig. 147. — Coupe transversale d'une tige de dicotylédone.

loppent s'agrandit. Si l'on coupe en travers le tronc ou la racine d'un arbre dicotylédone ou conifère, on voit le bois disposé en couches concentriques, et l'on compte exactement autant de couches qu'il s'est écoulé d'années depuis que la tige a atteint le niveau de la section (fig. 147).

Ce mode d'accroissement est commun aux dicotylédones et aux conifères.

Les tiges et les racines des dicotylédones sont habituellement susceptibles d'une riche ramification dont nous avons indiqué les caractères essentiels dans les généralités des phanérogames.

Les feuilles, habituellement pétiolées et à nervures en réseau, offrent les formes les plus variées qui seront indiquées dans la description particulière des familles.

Les fleurs sont aussi de formes très différentes; généralement le calice et la corolle sont distincts l'un de l'autre; l'androcée présente deux verticilles d'étamines, et le pistil un nombre de carpelles inférieur au nombre des pièces de la corolle et du calice. Le nombre typique pour chacun des cycles floraux est variable, toutefois les nombres cinq et deux sont les plus fréquents.

100. — **Division en ordres.** — La subdivision des dicotylédones en ordres est un des points les plus difficiles de la classification naturelle. On peut à la vérité distinguer quatre groupes assez naturels, mais d'importance bien inégale, ce sont :

1° Les JULIFLORES à fleurs très petites et incomplètes; nous étudierons dans ce groupe les Urticées et les Amentacées.

2° Les MONOCHLAMYDÉES à fleurs incomplètes mais grandes, telles que les Aristolochiées et les Rafflésiacées.

3° Les DIALYPÉTALES, dont la corolle a des pétales distincts. Parmi les très nombreuses plantes de cette série, quelques-unes n'ont pas de pétales, mais tiennent par tout l'ensemble de leurs caractères à des familles où les pétales sont normalement développés. Jussieu les réunissait au groupe précédent dans sa classe des *Apétales*, mais ce groupement peu naturel est abandonné par la plupart des botanistes contemporains.

4° Les GAMOPÉTALES dont la corolle ne forme qu'un tout continu.

Dans chacune des deux dernières séries, nous commencerons par les plantes à fleurs hypogynes, et nous passerons ensuite aux plantes épigynes, allant ainsi des types où les relations entre les feuilles florales sont plus simples, à ceux où elles sont plus complexes. La fleur épigyne diffère évidemment plus du bourgeon végétatif dont elle est une modification, que ne le fait la fleur hypogyne. Dans celle-ci, en effet, les relations des différents verticilles ne sont pas dénaturées comme dans la fleur épigyne.

C'est surtout pour la série des dialypétales, qui comprend un très-grand nombre de familles, qu'il serait utile de pouvoir indiquer des ordres naturels ; mais les essais de ce genre qui ont été faits ne conduisent qu'à des résultats encore trop compliqués pour être introduits dans l'enseignement élémentaire.

1. — Urticées

101. — Le vaste groupe auquel A. L. de Jussieu donnait ce nom comprend des plantes tellement différentes par le port et l'organisation florale, que l'on en fait aujourd'hui plusieurs familles, qui toutes cependant offrent des caractères communs

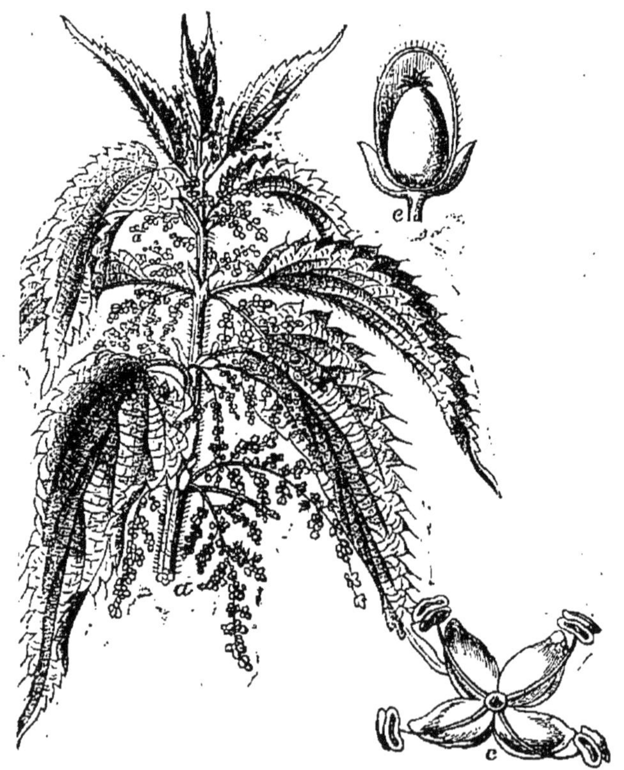

Fig. 148. — *Urtica dioica; c*, fleur mâle; *e*, fleur femelle.

que l'on peut résumer de la manière suivante : périanthe simple à trois, quatre ou cinq feuilles, quelquefois nul ; étamines superposées aux feuilles du périanthe ; fleurs petites, agglomérées en inflorescence serrée ; fruit ordinairement uniloculáire, uniséminé; graine généralement albuminée.

Pour faire connaître quelques-unes des plantes importantes que contient ce groupe, nous allons examiner les prinpales familles entre lesquelles on l'a partagé.

URTICACÉES. — Herbes, arbrisseaux ou arbres à suc aqueux. Tiges souvent armées de poils contenant un suc brûlant. Feuilles alternes ou opposées, simples, stipulées. Fleurs le plus souvent diclines, monoïques ou dioïques, réunies en épi, grappe ou panicule (fig. 148). Fleurs mâles : périanthe simple, gamosépale, à quatre ou cinq lobes ; étamines en même nombre et superposées aux sépales. Fleurs femelles : périanthe tubuleux ; ovaire libre, uniloculaire, uniovulé ; ovule ortho-

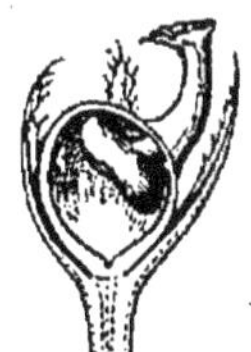

Fig. 149. — Fleur mâle   Fig. 150. —Fleur femelle   Fig. 151. — La même
   du Figuier.   entière.   coupée longitudinalement. /

trope ; fruit sec ou charnu ; graine albuminée à embryon droit.

Tout le monde connaît les Orties si communes autour des habitations. Le *Bœhmeria tenacissima* (Ramie) est une plante de la Chine et des îles de la Sonde, dont les fibres peuvent être tissées.

MORÉES. — Arbres ou arbrisseaux à suc laiteux, rarement herbes. Feuilles alternes et stipulées. Fleurs diclines, soit monoïques, soit dioïques, souvent réunies en inflorescence de forme caractéristique (fig. 149, 150, 151). Ovaire libre, uniloculaire, uniovulé, à ovule anatrope ou campylotrope. Le fruit est un akène enveloppé par le périanthe devenu succulent (Mûrier), ou par le réceptacle même de l'inflorescence devenu charnu (Figuier). Graine albuminée.

Cette famille, surtout développée dans les pays tropicaux, fournit un grand nombre d'espèces utiles, telles que le Figuier

(*Ficus carica*) cultivé en Europe pour ses fruits (fig. 152);
le Mûrier blanc (*Morus alba*) originaire de la Chine, et répandu dans tout le bassin méditerranéen, où l'on fait servir
ses feuilles à l'élevage des vers à soie. Plusieurs figuiers
fournissent du caoutchouc; l'arbre à lait (*Galactodendron
utile*) du Vénézuéla donne un lait comestible; l'arbre à pain
(*Artocarpus incisa*) est d'une grande ressource comme
aliment dans toutes les îles de la mer du Sud; tandis que le
lait de l'*Antiaris toxicaria*, de Java, est un poison violent.

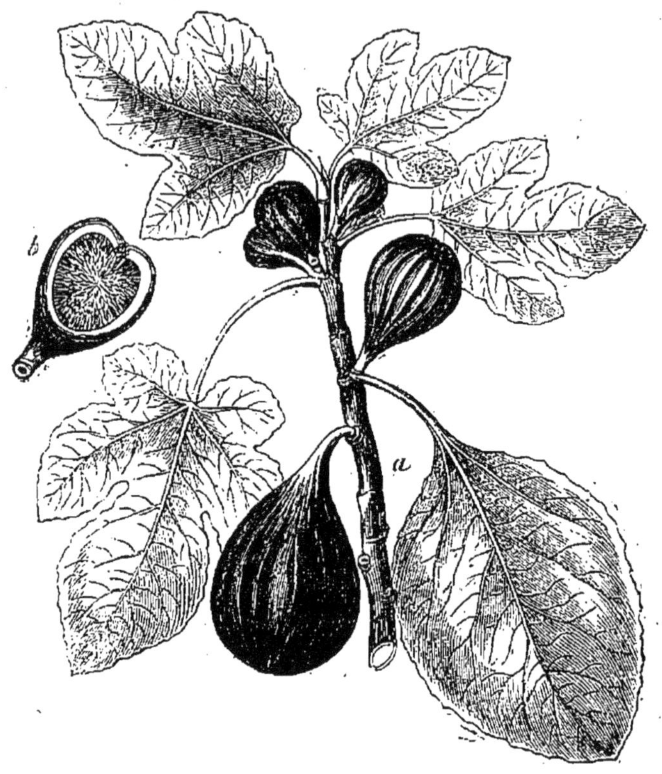

Fig. 152. — Figuier commun (*Ficus carica*); *a*, rameau; *b*, coupe longitudinale
de l'inflorescence.

CANNABINÉES.—Herbes annuelles et dressées, ou vivaces et
volubiles. Feuilles opposées, dentées ou lobées, stipulées.
Fleurs dioïques : les mâles en grappe ou en panicule, formées
d'un périanthe herbacé à cinq sépales, et de cinq étamines
superposées aux sépales ; les femelles réunies en épis ou en
glomérules constitués par des bractées portant une (*Cannabis*)
ou deux (*Humulus*) fleurs à leur aisselle; périanthe tubu-

leux; ovaire libre uniloculaire, uniovulé, à deux stigmates; ovule campylotrope ; fruit sec; graines sans albumen à embryon courbe.

Les deux genres importants de cette famille appartiennent aux régions tempérées de l'hémisphère nord. Le Houblon (*Humulus lupulus*) (fig. 153) est cultivé pour ses épis femelles

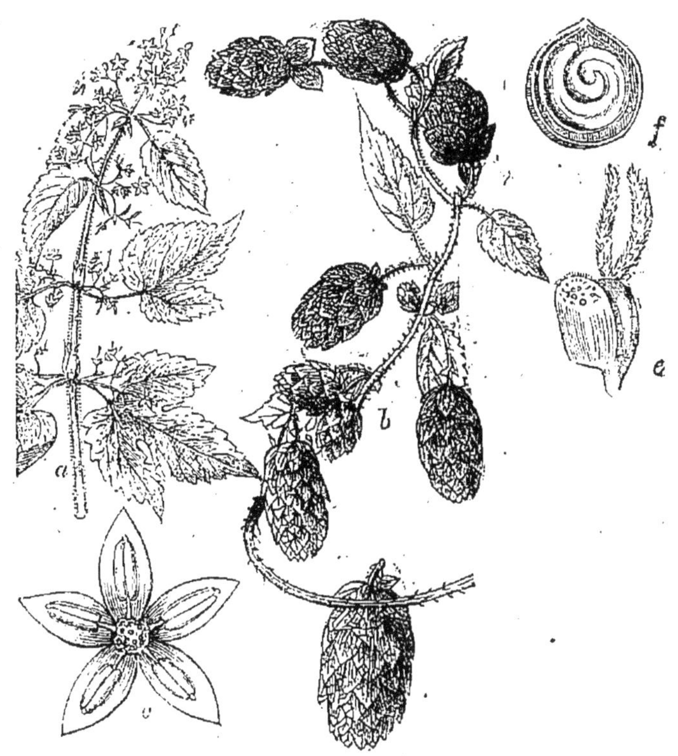

Fig. 153. — Houblon (*Humulus lupulus*); *a*, rameau fleuri d'un pied mâle; *b*, rameau fleuri d'un pied femelle; *c*, fleur mâle; *e*, fleur femelle; *f*, graine coupée en long.

dont les bractées portent des poils glanduleux contenant une résine amère tonique; il est employé pour aromatiser la bière. Le Chanvre (*Cannabis sativa*) est cultivé pour ses fibres textiles; il sert, en outre, en Orient à préparer le hachisch, narcotique très employé dans ces contrées.

2. — Amentacées

102. — Comme les Urticées, cette ancienne famille a été partagée en plusieurs à cause de la variété des types qu'elle comprenait. Jussieu, en effet, y faisait entrer tous les arbres, autres que les conifères, qui présentent des fleurs petites, diclines et dépourvues de corolle. Ce rapprochement artificiel de plantes certainement très différentes ne saurait être conservé, et l'on ne peut pas dans les Amentacées distinguer moins de quatre familles : les *Salicinées*, les *Juglandées*, les *Cupulifères* et les *Bétulacées*.

SALICINÉES. — Arbres à feuilles alternes, simples, stipulées. Fleurs dioïques disposées en chatons et pourvues chacune d'une bractée (fig. 154). Fleurs mâles : deux (Saule) ou plusieurs (Peuplier) étamines naissant au centre d'un disque, sans périanthe, mais à l'aisselle d'une bractée. Fleurs femelles : ovaire sessile, uniloculaire, à deux placentas pariétaux, multi-ovulés; Capsules s'ouvrant en deux valves; graines nombreuses enveloppées de poils laineux; embryon droit, sans albumen.

Les Salicinées, répandues surtout dans les lieux humides de l'hémisphère nord, sont des arbres à croissance généralement rapide, fournissant un bois peu résistant, mais cependant estimé à cause de sa légèreté. Les jeunes branches de saule, minces et flexibles, sont employées pour les travaux de vannerie.

JUGLANDÉES. — Arbres à feuilles alternes, non stipulées, imparipennées, un peu coriaces, fortement odorantes. Fleurs monoïques. Les fleurs mâles, réunies en chatons cylindriques, sont formées d'un périanthe simple, à plusieurs lobes entourant des étamines nombreuses. Les fleurs femelles, en épis pauciflores, sont formées d'un calice soudé avec l'ovaire par sa partie tubulaire, et présentant un limbe à dents courtes: au sommet de ce calice une seconde enveloppe (corolle ?) formée de quatre pièces entoure la base du style qui est court et porte deux stigmates foliacés. Ovaire infère, uniloculaire, contenant un ovule orthotrope, implanté sur la base de l'ovaire. Le fruit se compose d'une couche externe charnue doublée d'une couche interne osseuse qui émet vers l'intérieur des cloisons cartilagineuses incomplètes. La graine dépourvue d'albumen, et à enveloppe mince, reproduit la forme très irrégulière de l'embryon à cotylédons charnus, huileux.

Fig. 154. — Saule Marceau (*Salix capræa*) ; *a*, rameau femelle ; *b*, rameau mâle à l'époque de la floraison ; *c*, rameau pourvu de feuilles après la chute des chatons ; *d*, fleur mâle ; *e*, fleur femelle ; *f*, fruit mûr.

Le Noyer (*Juglans regia*), l'espèce la plus remarquable de la famille, est cultivé en Europe, non seulement pour ses graines mangées en nature ou broyées pour faire une huile comestible, mais aussi pour son bois recherché par l'ébénisterie à cause de son grain serré et de sa belle couleur.

Cupulifères. — Arbres à feuilles alternes, stipulées, plus ou moins dentées ou lobées sur leurs bords. Fleurs monoïques en épis ordinairement unisexuels, quelquefois femelles à la base, mâles au sommet. Les fleurs mâles sont formées de plusieurs étamines entourées d'un périanthe rudimentaire (Chêne, Hêtre) ou nul (Noisetier, Charme). Fleurs femelles formées d'un ovaire infère surmonté d'un périanthe plus ou moins lobé; elles sont entourées d'un involucre (Chêne, etc.)

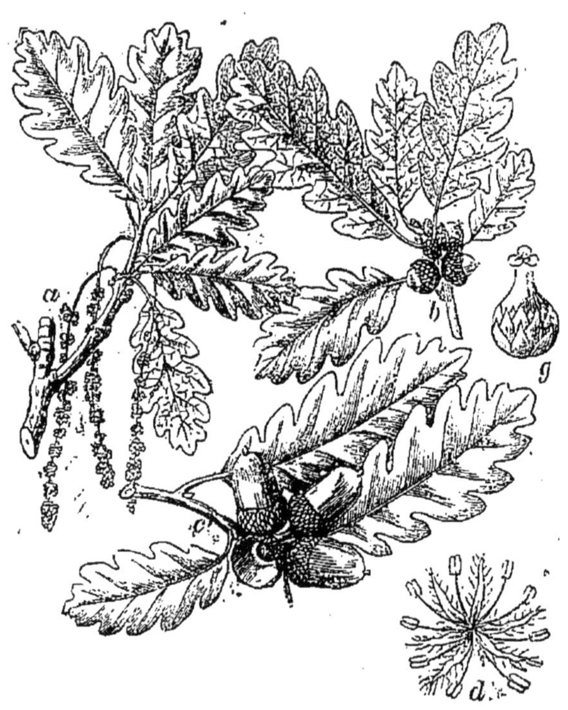

Fig. 155. — Chêne (*Quercus robur*); *a*, rameau portant des chatons mâles; *b*, rameau portant des fleurs femelles; *c*, rameau portant des fruits mûrs; *d*, fleur mâle; *g*, fleur femelle.

ou accompagnées d'une grande bractée (Charme). L'ovaire pluriloculaire à lobes biovulées, donne un fruit à péricarpe sec, indéhiscent, qui généralement ne contient qu'une seule graine, tous les ovules, moins un, ayant avorté. La graine contient un embryon droit à cotylédons souvent farineux ou huileux, sans albumen (fig. 155).

Les Cupulifères habitent les régions tempérées et froides de l'hémisphère nord. Les forêts de cette partie du globe se partagent en forêts de Conifères et forêts de Cupulifères. Le plus important de leurs genres est le Chêne (*Quercus*), comprenant d'assez nombreuses espèces dont le bois est sans rival pour les grands travaux de construction, et dont l'écorce, riche en tannin, est en outre utilisée pour la préparation des cuirs; le *liège* est fourni par une espèce particulière de chène d'Espagne et d'Algérie; les glands eux-mêmes sont une grande ressource pour la nourriture des porcs. Le Châtaignier (*Castanea vesca*), le Hêtre (*Fagus silvatica*), le Charme (*Carpinus Betulus*), le Noisetier (*Corylus avellana*), sont de même utiles par leur bois et par leurs graines.

BÉTULACÉES. — Arbres à feuilles alternes, simples, den-

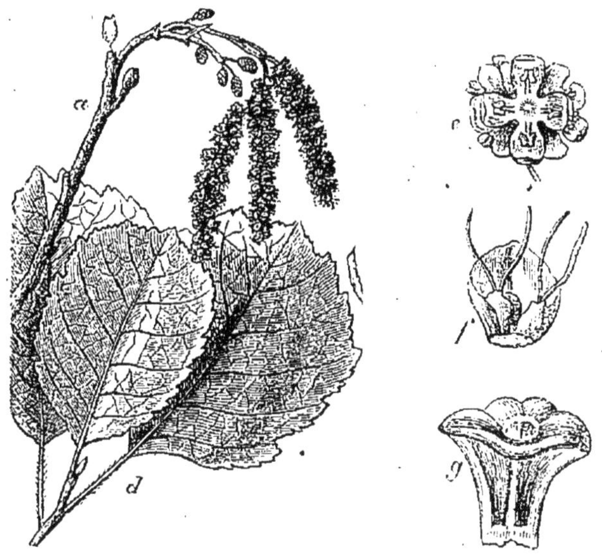

Fig. 156. — Aulne commun (*Alnus glutinosa*); *a*, rameau fructifère; *d*, rameau feuillé; *e*, fleur mâle; *f*, fleur femelle; *g*, fruit.

tées, stipulées. Fleurs monoïques, sessiles à la base de bractées écailleuses disposées en chatons. Fleurs mâles à quatre ou deux étamines. Fleurs femelles sans périanthe; ovaire sessile, à deux loges uniovulées; fruit ailé; graine sans albumen, à embryon droit (fig. 156).

Les Bétulacées comprennent deux groupes : le Bouleau (*Betula*) et l'Aulne (*Alnus*). Le premier, qui croît jusque sur les régions les plus froides, rend de grands services aux habitants de ces contrées qui sont privées de tous les autres arbres. Cependant cette famille est loin d'avoir l'importance des précédentes.

Aristolochiées

103. — Ce groupe ne contient qu'un petit nombre de familles, peu nombreuses en espèces, et sans usages importants; aussi nous contentons-nous de mentionner la famille des Aristolochiées formée de plantes à tige ligneuse, parfois grimpante comme l'*A. sipho* (fig. 157). Les fleurs ont un calice supère, herbacé, à trois divisions, quelquefois de forme bizarre, comme dans l'espèce citée plus haut.

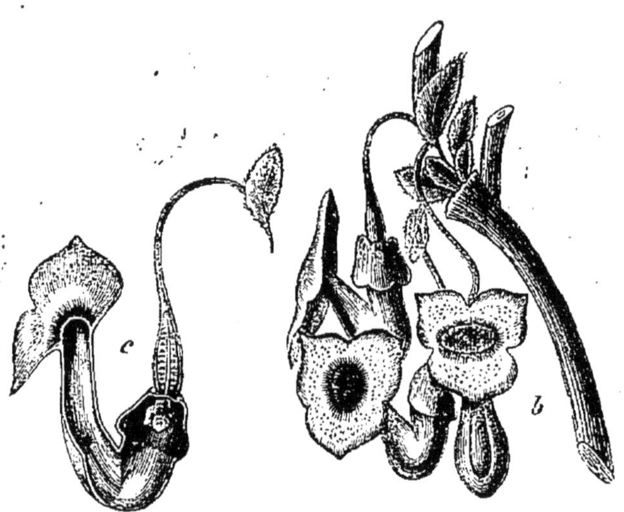

Fig. 157. — *Aristolochia sipho*; *b*, rameau fleuri; *c*, fleur coupée longitudinalement.

104. — Les *Rafflesiacées* sont de singulières plantes parasites à fleurs gigantesques, qui vivent aux dépens des arbres dont sont formées les forêts tropicales.

Le Gui (*Viscum album*) parasite commun sur nos arbres fruitiers, les *Balanophora*, le *Cynomorium*, qui vivent en parasites sur les racines et sont, par leur couleur et l'absence de feuilles, plus semblables à des champignons qu'à des phanérogames, se rattachent, comme la famille précédente, à la série des Monochlamydées.

III. — SÉRIE DES DIALYPÉTALES

1. — Renonculacées

105. — Plantes herbacées, annuelles ou vivaces, rarement arbrisseaux à tige dressée (Pivoine en arbre) ou grimpante (Clématite). Feuilles alternes, rarement opposées (Clématite), à limbe variable, dépourvues de stipules. Fleurs hermaphrodites, solitaires ou en grappe, généralement régulières, quel-

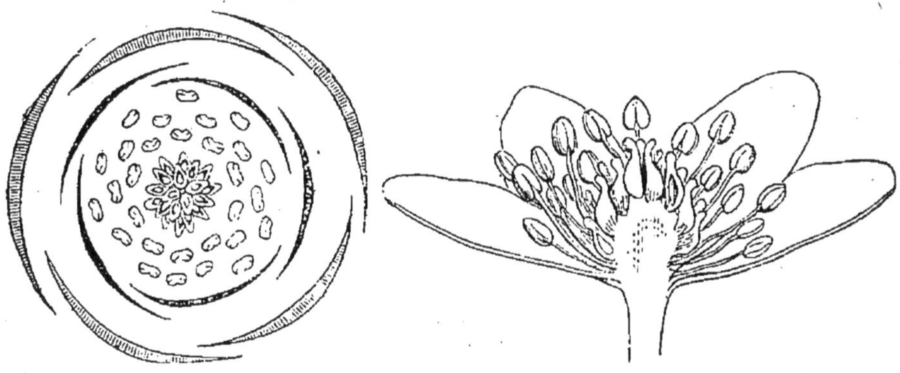

Fig. 158. — Renoncule, diagramme.

Fig. 159. — Renoncule, fleur coupée verticalement.

quefois irrégulières (*Delphinium, Aconitum*) ; sépales ordinairement cinq, mais pouvant être beaucoup plus nombreux, libres, en général caducs, rarement persistants (Hellébore, Pivoine), souvent pétaloïdes ; pétales en même nombre que les sépales et alternes avec eux (fig. 158, 159, 160), ou en nombre moindre, pouvant même manquer complètement, toujours hypogynes, libres, caducs, inégaux dans les fleurs irrégulières. Étamines nombreuses, hypogynes. Carpelles en nombre variable, libres ou rarements cohérents (Nigelle). Ovules anatropes. Fruit très variable ; graines albuminées.

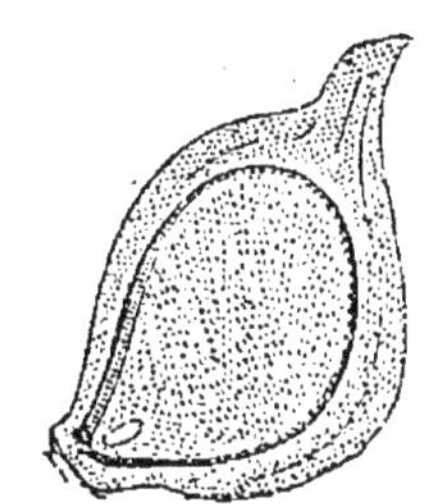

Fig. 160. — Renoncule, fruit coupé verticalement.

Cette famille, qui comprend un grand nombre d'espèces,

8.

est le type de ce que l'on a appelé *familles par enchaîne-
ment*. Au lieu de présenter un ensemble de caractères communs, les genres qui la composent diffèrent les uns des
autres sur presque tous les points de leur organisation, tels
que la régularité ou même l'existence de la corolle, la structure de l'ovaire et du fruit, etc., mais ces différences s'établissent par des passages insensibles, des modifications suc-
cessives, de telle sorte qu'il serait impossible de subdiviser
l'ensemble en plusieurs familles. On peut y reconnaître des
tribus distinctes, mais celles-ci ne diffèrent pas entre elles
par des caractères aussi importants que ceux sur lesquels
s'appuient d'ordinaire la distinction des familles; elles ne
méritent donc pas le nom de famille.
Ces tribus sont au nombre de cinq :

TRIBU 1. — CLÉMATIDÉES. — Tige
souvent ligneuse, à feuilles opposées;
sépales pétaloïdes; pétales nuls; carpelles nombreux, uniovulés, donnant
comme fruit des akènes.

Les plantes de cette tribu, répandues sur toute la terre, sont douées de
propriétés très-irritantes.

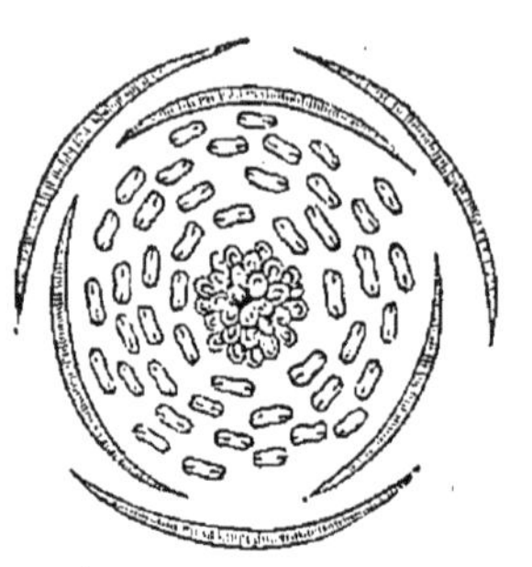
Fig. 161 — Anémone, diagramme.

TRIBU 2. — ANÉMONÉES. — Tige
herbacée; feuilles radicales, alternes, les supérieures formant
au dessous de la fleur un involucre, que l'on pourrait quelquefois prendre pour un calice (*Anemone hepatica*). Sépales
souvent pétaloïdes, la corolle étant alors nulle (fig. 161).
Carpelles uniovulés donnant pour fruit des akènes.

Les Anémonées vivent surtout dans les régions tempérées; beaucoup d'entre elles sont employées comme plantes
d'ornement (*Anemone coronaria, japonica*, etc.); d'autres,
à suc irritant, fournissent des médicaments énergiques
(*Anemone pulsatilla*).

TRIBU 3. — RENONCULÉES. — Tige herbacée; feuilles alternes; sépales ordinairement cinq; pétales en nombre égal,
à onglet nectarifère; carpelles nombreux, uniovulés.

Cette tribu cosmopolite n'offre guère de plantes intéressantes par leurs applications.

TRIBU 4. — HELLÉBORÉES. — Herbes à feuilles alternes;
fleurs quelquefois irrégulières; sépales souvent pétaloïdes;

pétales souvent inégaux et de forme singulière; carpelles pluriovulés donnant en général des fruits en forme de follicules (*Helleborus, Caltha*) ou plus ou moins soudés en capsule (*Nigella*); dans les espèces de ce genre on voit tous les intermédiaires entre le gynécée à cinq carpelles libres et l'ovaire unique formé de cinq carpelles soudés.

Les Hellébores jadis préconisés contre les maladies men-

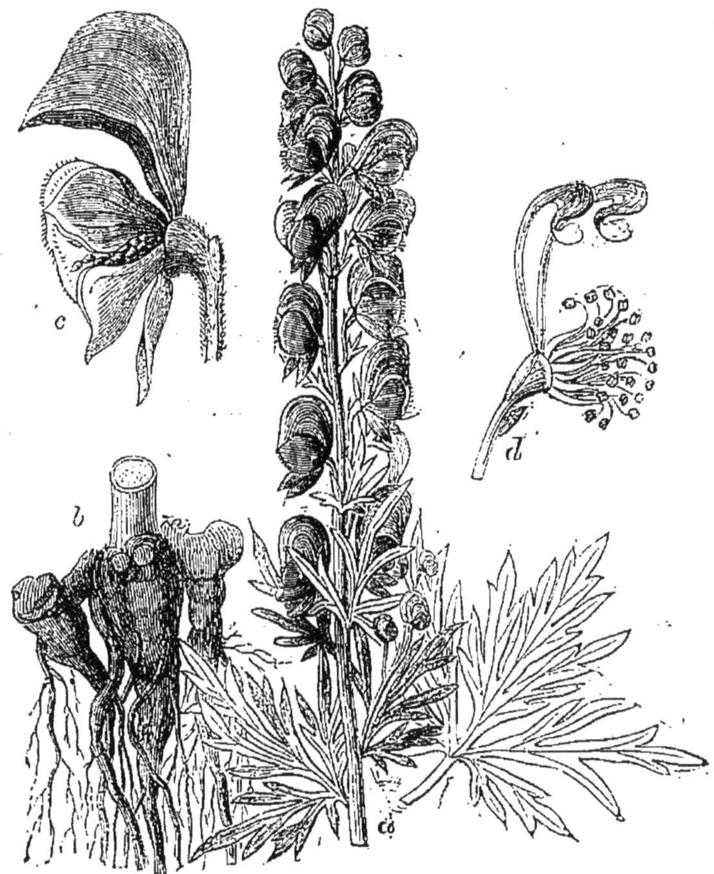

Fig. 162. — Aconit (*Aconitum napellus*); *a*, sommité fleurie ; *b*, souche à racine tubéreuse; *c*, fleur entière ; *d*, fleur dépouillée de son calice.

tales, ne sont plus employés depuis longtemps pour cet objet. En revanche, l'*Aconitum napellus* (fig. 162) a été introduit depuis quelques années dans la pratique médicale. Les *Delphinium, Aquilegia*, etc., sont cultivés comme plantes d'ornement.

TRIBU 5. — PÉONIÉES. — Cette tribu se distingue essentiellement par son fruit formé de follicules charnus.

Les Pivoines ne sont cultivées que comme plantes ornementales.

106. — Dans le voisinage des Renonculacées se placent quelques familles moins importantes dont nous nous bornerons à citer les noms : ce sont les Magnoliacées, ayant pour type le *Magnolia grandiflora*, très employé pour l'ornementation des jardins dans l'ouest de la France, et les Nymphéacées, plantes aquatiques dont la plus belle est le *Victoria regia* qui dans son pays d'origine fait flotter, sur les eaux du fleuve des Amazones, des feuilles atteignant deux mètres de diamètre et des fleurs d'une dimension proportionnée.

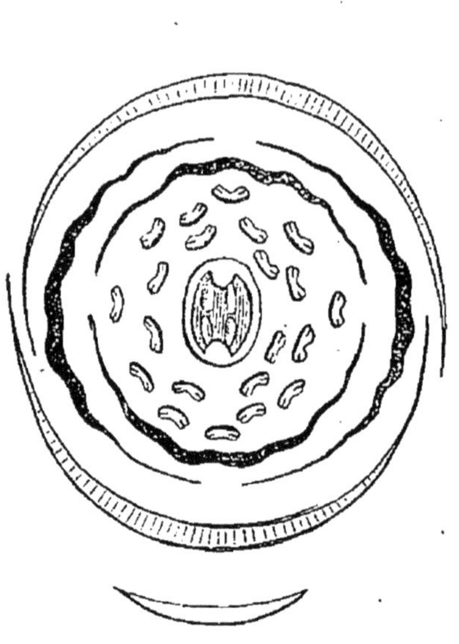

Fig. 163. — Chélidoine (*Chelidonium majus*), diagramme.

2. — Papavéracées

107. — Plantes herbacées, annuelles ou vivaces, rarement sous-frutescentes, à suc laiteux blanc ou jaune, rarement aqueux. Feuilles alternes, simples, mais souvent découpées. Inflorescence terminale. Fleurs hermaphrodites, régulières; sépales deux, libres et caducs, (dans les *Eschscholtzia* les sépales sont fortement adhérents par la partie supérieure et forment une coiffe conique qui se détache et tombe tout d'une pièce); pétales hypogynes, rarement périgynes (*Eschscholtzia*), égaux, libres, en nombre double de celui des sépales, chiffonnés dans le bouton (fig. 163). Étamines nombreuses, insérées comme les pétales; anthères biloculaires, normales. Ovaire unique, uniloculaire, à placentation pariétale, les placentas se développant quelquefois beaucoup (*Papaver*), et subdivisant alors la cavité de l'ovaire en fausses loges. Ovules anatropes. Style court ou presque nul; stig

mates autant que de placentas. Fruit sec, s'ouvrant de différentes façons pour laisser échapper de petites graines pourvues d'un albumen huileux et d'un embryon très-petit.

Les Papavéracées habitent les régions tempérées de l'hémisphère nord. Le genre type est le Pavot, caractérisé par son ovaire globuleux, à placentas nombreux chargés d'ovules sur toute leur surface, et à stigmates disposés en rayons à la surface du bouclier qui ferme supérieurement la capsule. La principale espèce est le *Papaver somniferum* cultivé dans l'Inde pour la production de l'*opium*, et en France pour l'extraction de l'huile d'œillette. L'opium s'obtient en pratiquant sur les capsules voisines de la maturité des incisions transversales qui laissent suinter le suc laiteux contenu dans les vaisseaux lacticifères abondants de cet organe. On ne recueille l'opium qu'après qu'il s'est desséché en écailles noirâtres; cette drogue est le plus puissant des narcotiques connus; ses principes actifs sont la *morphine*, la *narcotine*, la *codéine* et la *narcéine*. Outre ses usages médicinaux, l'opium est consommé en grande quantité par les peuples de l'Orient, et surtout par les Chinois qui le fument ou le mâchent pour se procurer une sorte d'ivresse dont la répétition fréquente altère profondément la santé. L'huile d'œillette, bien que provenant des graines de cette plante dangereuse, est elle-même inoffensive et son usage est au moins aussi répandu en France que celui de l'huile d'olive.

Les Papavéracées sont intimement liées à la famille des *Fumariacées*, qui elle-même se rattache aux *Crucifères*, voisines à leur tour des *Capparidées*. Ces quatre familles forment un groupe naturel très nettement caractérisé.

3. — Crucifères

108.—Plantes ordinairement herbacées, annuelles ou vivaces, à suc aqueux souvent un peu âcre, portant des poils unicellulaires, ramifiés. Feuilles simples, alternes, entières ou découpées, généralement sans stipules. Fleurs hermaphrodites, en grappes, généralement dépourvues de bractées. Sépales quatre, libres, caducs, disposés en deux paires : l'inférieure comprenant un sépale antérieur et un postérieur tous deux plans; la paire supérieure formée de deux sépales latéraux souvent bossus à leur base. Pétales quatre, hypogynes, égaux, rarement les extérieurs plus grands que les intérieurs (*Iberis*); ils sont insérés tous à la même hauteur, et leurs insertions correspondent aux intervalles laissés par les sépales; on ne peut pas dire toutefois qu'ils soient alternes avec les sépales, puisque ceux-ci sont disposés deux par deux, tandis que les quatre pétales ne forment qu'un seul verticille (fig. 164 et 165). Étamines six, hypogynes, tétradynames, c'est-à-dire deux plus courtes et quatre plus

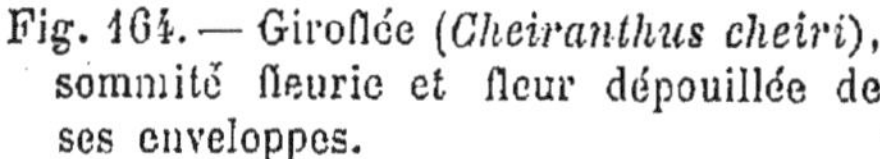

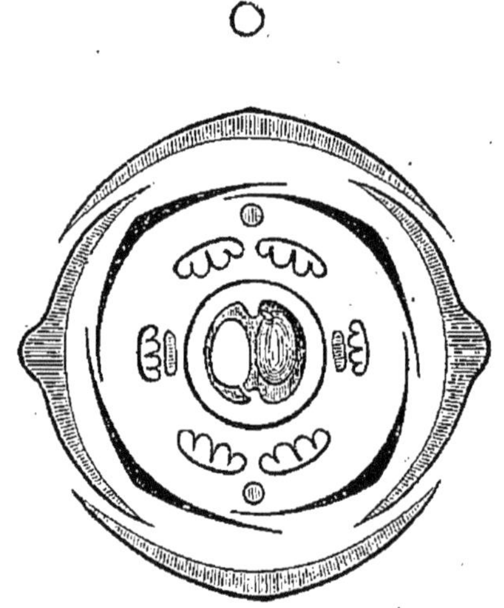

Fig. 164. — Giroflée (*Cheiranthus cheiri*), sommité fleurie et fleur dépouillée de ses enveloppes.

Fig. 165. — *Cheiranthus cheiri*. Diagramme.

longues; les deux plus courtes, insérées un peu plus bas que les autres, sont superposées aux sépales latéraux, tandis que les quatre plus longues sont rapprochées par paires superposées aux sépales antérieurs et postérieurs. Les bases des étamines sont souvent enveloppées de formations du genre des nectaires. Ovaire simple, uniloculaire avec deux placentas pariétaux, situés l'un en avant, l'autre en arrière, et reliés entre eux par une fausse cloison qui subdivise la cavité de l'ovaire en deux fausses loges. La paroi de l'ovaire est complétée par deux valves superposées aux sépales latéraux. Le style généralement très court se divise en deux stigmates si-

tués dans le prolongement des placentas. Les ovules, habituellement nombreux, sont campylotropes. Le fruit, ordinairement sec et déhiscent, s'ouvre par la chute des valves
latérales qui se séparent des placentas d'abord en bas, puis
dans toute leur longueur ; c'est une *silique* quand la longueur
est supérieure à trois fois la largeur (fig. 166), une *silicule*
dans le cas contraire (fig. 167). Quelques siliques (*Rapha-
nus*) sont indéhiscentes ou se séparent en articles transversaux (*Cakile*). Il existe aussi des silicules indéhiscentes
(*Calepina, Myagrum*). Les graines à enveloppe mince, quel-

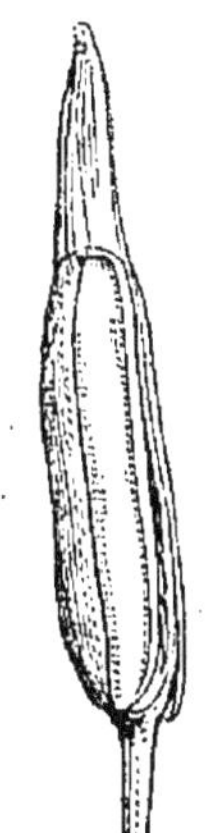

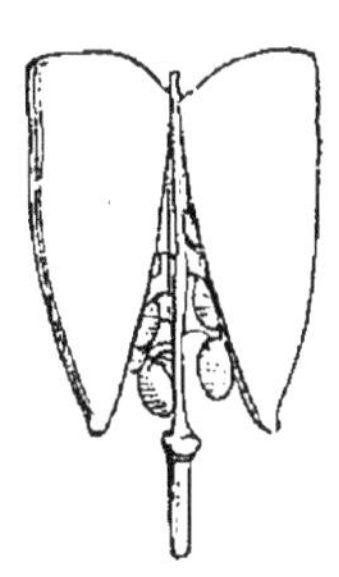

Fig. 166. — *Eruca*, silique.   Fig. 167. — Thlaspi, silicule
                                              déhiscente.

quefois mucilagineuse, contiennent un embryon courbe à
cotylédons épais, huileux, sans albumen.

La nombreuse famille des Crucifères était simplement
divisée par Linné en deux groupes : *siliqueuses* et *silicu-
leuses*, d'après la forme du fruit (fig. 166 et 167); mais le
désir de conserver les genres naturels, dont quelques-uns
auraient été disloqués par cette division artificielle, a fait
abandonner cette classification. De Candolle a cherché d'autres caractères dans la forme de l'embryon. Tantôt les
cotylédons restent plans et alors la radicule peut se replier
sur le bord des cotylédons : on la dit accombante, exemple
Arabis (fig. 169); ou au contraire la radicule vient se
placer sur la ligne médiane de l'un des cotylédons, elle
est incombante, exemple le *Neslia* (fig. 170 et 171). Les
premières espèces constituent la tribu des *pleurorhizées*,
les secondes celle des *notorhizées*. Tantôt les cotylédons

sont pliés en long et viennent embrasser plus ou moins la radicule, exemple : *Eruca* (fig. 172); ce caractère distingue les *orthoplocées*. Dans les *spirolobées* (*Bunias*) (fig. 173) les cotylédons sont enroulés en spirale, tandis que dans les *diplécolobées* (*Senebiera*) ils sont repliés deux fois sur eux-mêmes transversalement.

Fig. 168. — *Lepidium sativum; a,* base de la plante ; *b,* sommité fleurie et fructifère.

Les Crucifères sont répandues sur toute la surface de la terre, mais surtout dans le sud de l'Europe et en Asie Mineure. Elles doivent leur saveur, qui va parfois jusqu'à l'àcreté, à une essence sulfurée répandue dans toute la plante ; suivant que la proportion de cette essence est plus ou moins grande, elles sont médicinales comme le *Cochlearia officinalis,* peuvent servir de condiment comme le Cresson

(*Nasturtium officinale*) et les graines de Moutarde (*Brassica nigra*), ou enfin deviennent alimentaires comme les différentes variétés de Choux. On comprend alors que la

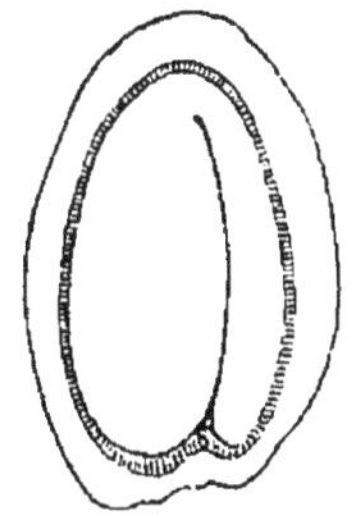 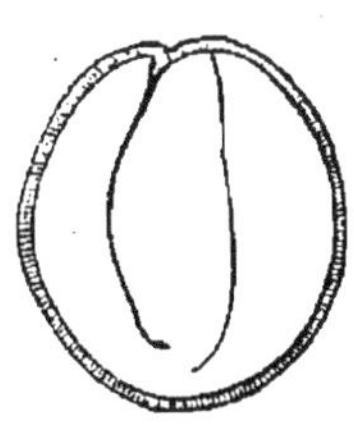  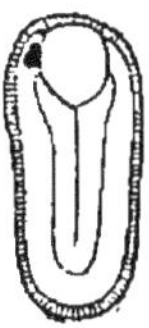

Fig. 169. — *Arabis*, graine coupée verticalement.

Fig. 170. — *Neslia*, graine coupée verticalement.

Fig. 171.—La même coupée horizontalement.

Fig. 172.—*Eruca* graine coupée transversalement

même espèce pourra avoir des propriétés différentes suivant le climat où elle aura été cultivée.

Les nombreuses formes de choux qui composent des races bien distinctes dans la culture, et qui ne correspondent pas à des espèces sauvages reconnaissables, sont un exemple remarquable des variations que l'industrie humaine peut produire dans les espèces domestiques.

Outre ces espèces plus ou moins alimentaires, la famille des Crucifères contient des plantes industrielles : le Colza, dont les graines fournissent de l'huile à brûler; le Pastel (*Isatis tinctoria*), qui fournit une matière analogue à l'indigo.

Fig. 173. — *Bunias*, graine coupée longitudinalement.

4. — Euphorbiacées

109. — Arbres, arbustes ou herbes contenant un suc laiteux ou aqueux. Feuilles alternes, rarement opposées, quelquefois très petites, ordinairement stipulées, simples, entières ou plus ou moins lobées. Fleurs très-variables, hermaphrodites ou diclines; calice gamosépale; corolle polypétale, nulle dans les genres qui vivent en France; étamines en nombre variable. Ovaire supère, ordinairement triloculaire, à loges uni ou biovulées, groupées autour d'une colonne centrale qui persiste après la chute du fruit. Style ordinairement

court, divisé en autant de branches qu'il y a de loges ova-
riennes. Fruit varié, habituellement capsulaire, s'ouvrant
en coques à parois élastiques dont la rupture projette la
graine assez loin. Graine munie d'une enveloppe dure,
d'un albumen charnu abondant et d'un embryon droit, à cotylédons habituellement larges et minces.

Fig. 174. — Ricin (*Ricinus communis*).

La famille des Euphorbiacées est très vaste; la moitié environ de ses espèces habite l'Amérique équatoriale; de plus
la très grande variété de l'organisation chez ces plantes exi-
gerait de trop longs développements si l'on voulait passer en
revue toutes les tribus de la famille. Nous nous bornerons à
faire connaître celles que l'on peut observer chez nous, en
indiquant seulement quelques-unes des espèces exotiques
qui jouissent de propriétés remarquables.

Tribu des Acalyphées. — Nous pouvons prendre pour type le Ricin, fréquemment cultivé dans nos jardins. Cette plante, qui dans l'Inde et en Chine est vivace et atteint la taille d'un petit arbre (fig. 174), reste chez nous annuelle et herbacée; sa tige cylindrique et creuse porte de grandes feuilles à limbe palmé présentant de cinq à onze lobes, à stipules membraneuses, caduques; les fleurs sont diclines, et disposées en inflorescences terminales qui comprennent des fleurs femelles au sommet, et des fleurs mâles à la base. Dans la fleur mâle, le calice est formé de cinq sépales membraneux, et l'androcée d'un nombre variable d'étamines dont les filets sont divisés de manière à représenter un petit arbre plusieurs fois ramifié, chacune des ramifications terminales portant une anthère biloculaire. Le calice de la fleur femelle est semblable à celui de la fleur mâle. L'ovaire triloculaire, à loges uni-ovulées, porte un pistil divisé en six branches stigmatiques. Les graines

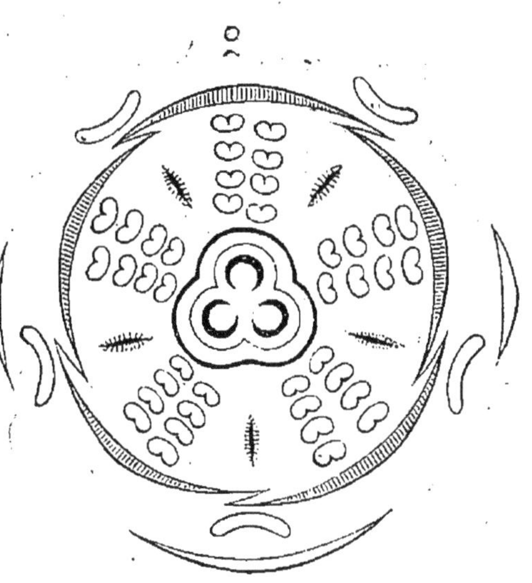

Fig. 175. — Euphorbe, diagramme.

du Ricin fournissent par expression une huile très employée comme purgatif.

Tribu des Euphorbiées. — Le genre *Euphorbia*, un des plus nombreux que l'on connaisse, car il contient plus de sept cents espèces, est répandu sur toute la surface de la terre. Dans les contrées tropicales, il présente des espèces, à tige charnue et à feuilles très petites et fugaces, qui ont tout l'aspect des Cactées : telle est l'*E. officinarum* qui fournit, par l'incision de ses tiges, un suc résineux, très irritant, employé en médecine. Les espèces de nos contrées sont des herbes à suc laiteux, vulgairement nommées *Tithymales*. La fleur des Euphorbes (fig. 175) se compose d'un calice gamosépale à cinq divisions entre lesquelles se trouvent des glandes diversement colorées; il n'y a point de pétales et les étamines, au nombre de dix ou plus, sont disposées par groupes au-devant des sépales; leurs filets sont articulés; du centre de la fleur s'élève un entre-nœud très développé, souvent courbé et portant à son sommet un ovaire triloculaire, à loges uniovulées, à stigmate trifide[1]. Les graines de l'*E. lathyris* (grande Épurge) sont employées en médecine.

Parmi les Euphorbiacées exotiques importantes au point de vue des applications, nous citerons le *Jatropha Manihot*, dont la racine, débarrassée par la cuisson d'un principe toxique, fournit différentes préparations alimentaires dont la plus connue est le *tapioca*. Les graines du *Croton Tiglium* donnent une huile violemment purgative et très irritante. Celles du *Stillingia sebifera* sont couvertes d'une matière grasse employée en Chine à la fabrication des bougies. Le suc laiteux du *Siphonia elastica* de la Guyane laisse, après évaporation, du caoutchouc; celui du Mancenillier, arbre de l'Amérique intertropicale, possède des propriétés caustiques assez redoutables, mais dont le danger a été encore de beaucoup exagéré par la tradition.

5. — Polygonées

110. — Plantes herbacées ou arbrisseaux à tige dressée ou volubile, à rameaux articulés, noueux. Feuilles alternes, simples, entières ou ondulées; pétiole dilaté à la base, ou inséré sur une formation stipulaire, engaînante, nommée *ochrea (Polygonum)*. Fleurs hermaphrodites ou diclines, naissant en agglomérations nombreuses, de formes variables et portées sur des pédicelles très grêles. Périanthe herbacé ou pétaloïde, souvent bisérié, sans former cependant un calice et une corolle distincts, composé de trois à six sépales libres, rarement soudés en tube, ordinairement persistant et s'accroissant

---

1. Ce que nous considérons ici comme la fleur des Euphorbiacées représente pour beaucoup de botanistes toute une inflorescence. Cette interprétation, fondée sur la comparaison d'un grand nombre de types exotiques, nous a paru impossible à introduire dans un ouvrage élémentaire.

même jusqu'à la maturité du fruit. Étamines de une à quinze, insérées sur le périanthe, superposées aux sépales ; deux ou trois étamines devant les sépales extérieurs et une devant les intérieurs ; anthères biloculaires souvent mobiles autour de leur point d'attache. Ovaire unique, habituellement en forme de pyramide triangulaire, uniloculaire ; ovule unique, orthotrope, implanté sur la base de l'ovaire (fig. 176) ; styles trois, correspondant aux angles de l'ovaire ; stigmate globuleux ou plus ou moins découpé ; le fruit est un akène ou un cariopse ; la graine contient un albumen abondant, farineux, et un embryon droit à cotylédons linéaires.

Les Polygonées croissent pour la plupart dans les régions

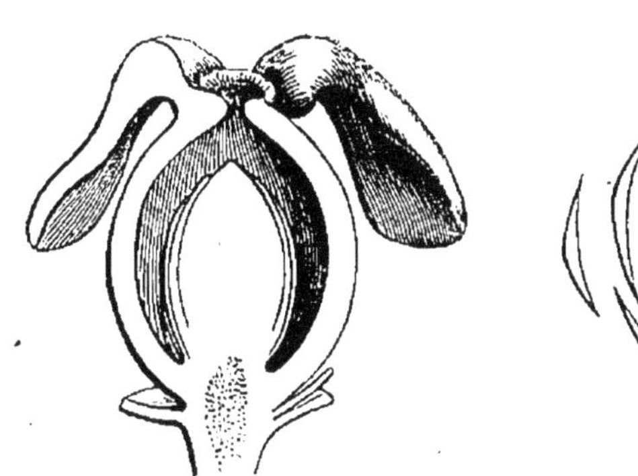

Fig. 176.—Rhubarbe (*Rheum undulatum*), ovaire coupé en long.

Fig. 177. — *Polygonum*, diagramme.

tempérées de l'hémisphère nord. Les genres principaux sont : *Polygonum, Rumex* et *Rheum*.

Le premier se distingue par un périanthe à cinq folioles semblables entre elles, avec un androcée formé de six étamines groupées deux par deux devant chacune des trois folioles externes, tandis qu'il n'y a qu'une étamine devant chacune des deux folioles internes. Les *Polygonum fagopyrum* et *tataricum* (fig. 177) sont cultivés sous les noms de sarrazin ou de blé noir, pour remplacer le froment dans les contrées granitiques où le sol, manquant de chaux, ne convient pas à la culture du froment. Ces espèces fournissent d'abondantes récoltes, mais la farine préparée avec lenr graine, étant beaucoup moins riche que celle du froment au point de vue des matières azotées, est toujours moins nu-

tritive; aussi la culture du sarrazin tend à diminuer partout
où le développement des voies de communication permet de
faire arriver, dans des conditions économiques, les amende-
ments nécessaires à la culture du blé. La souche du *Polygonum bistorta* est employée comme astringente. Les feuilles
du *P. tinctorium* fournissent une sorte d'indigo.

Le genre *Rumex* a un périanthe à six folioles, trois extérieures plus petites alternes avec trois folioles intérieures plus
grandes (fig. 178), dont une ou plusieurs portent des cal-
losités sur leur nervure médiane; il y a six étamines rapprochées par paires devant les sépales extérieurs et coïnci-
dant par suite avec les angles de l'ovaire. On cultive beaucoup
le *Rumex acetosa* (Oseille), dont les feuilles, riches en oxalate
acide de potasse, sont employées dans l'alimentation ; on peut

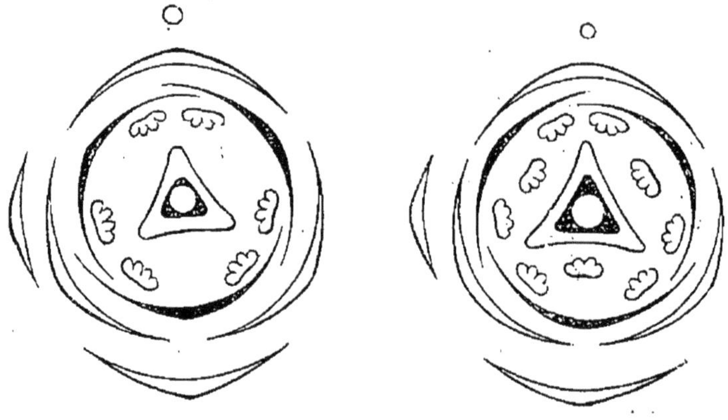

Fig. 178. — *Rumex*, diagramme.   Fig. 179. — *Rheum*, diagramme.

aussi en extraire ce sel qui est employé sous le nom de sel
d'oseille.

Le genre *Rheum* (Rhubarbe) se distingue par son périanthe (fig. 179) formé de six folioles disposées en deux
séries égales entre elles, et son androcée à neuf étamines, six
plus extérieures sont groupées en trois paires, trois plus intérieures alternent avec les précédentes et sont superposées
aux sépales internes. Les Rhubarbes ont une souche conique
très développée et portant de grandes feuilles entre lesquelles
s'élève la tige florifère. C'est la souche des *R. officinale, pal-
matum* et *rhaponticum* qui est employée en médecine; les
deux premières espèces sont de beaucoup les plus estimées
et nous viennent, sous les noms de rhubarbe de Chine et de
Moscovie, des plateaux de l'Asie centrale.

111. — La famille des Polygonées se rattache par l'absence de corolle et la nature de son albumen farineux à la famille des *Chénopodées*, dont elle se distingue d'ailleurs nettement par la forme de l'embryon qui est courbe chez les Chénopodées. Celles-ci comprennent quelques espèces intéressantes, notamment la Betterave (*Beta vulgaris*), dont le tubercule riche en sucre est devenu, depuis le commencement du siècle, une des plus précieuses matières premières de l'industrie, et fournit à la consommation presque autant de sucre que la canne à sucre.

Par la forme de leur embryon et la nature de leur albumen les Chénopodées se lient à la famille des *Caryophyllées* et à celles moins importantes des *Paronychiées*, *Portulacées*, etc., constituant le groupe des *Cyclospermées*.

6. — Caryophyllées

112. — Herbes annélles ou vivaces, rarement arbrisseaux. Tiges et rameaux souvent épaissis aux nœuds. Feuilles opposées, entières, non stipulées ou munies de petites stipules membraneuses. Fleurs hermaphrodites, rarement diclines par avortement (*Lychnis dioïca*). Inflorescence en cime dichotome. Sépales quatre ou cinq, persistants, libres ou soudés en tube. Pétales en même nombre que les sépales, hypogynes, quelquefois très petits ou nuls (fig. 180 et 181). Étamines deux fois plus nombreuses que les pétales, formant souvent deux verticilles, l'externe superposé aux sépales, l'interne superposé aux pétales. Ovaire unique, souvent supporté par un entre-nœud assez long qui le soulève bien au-dessus de l'insertion des étamines, uniloculaire avec un placenta central et libre ; styles de deux à cinq. Ovules campylotropes, nombreux. Fruit capsulaire, rarement baccien (*Cucubalus*) ; graines nombreuses à embryon courbe, entourant plus ou moins un albumen farineux.

Tribu 1. Silénées. — Sépales soudés en un calice tubuleux à quatre ou cinq dents. Pétales à onglet allongé, à limbe bifide ou denté, souvent munis d'écailles au sommet de l'onglet.

Les Silénées habitent généralement les régions tempérées de l'hémisphère boréal et sont cultivées presque uniquement comme plantes d'agrément. Les principaux genres sont : les *Dianthus* (Œillet), où la culture a produit de nombreuses variétés; les *Silene*, *Gypsophila*, etc. La Saponaire (*Saponaria officinalis*) contient une matière qui fait mousser l'eau comme le savon.

Tribu 2. ALSINÉES. — Sépales libres; pétales sans onglet.

Les Alsinées sont communes en France; l'espèce la plus

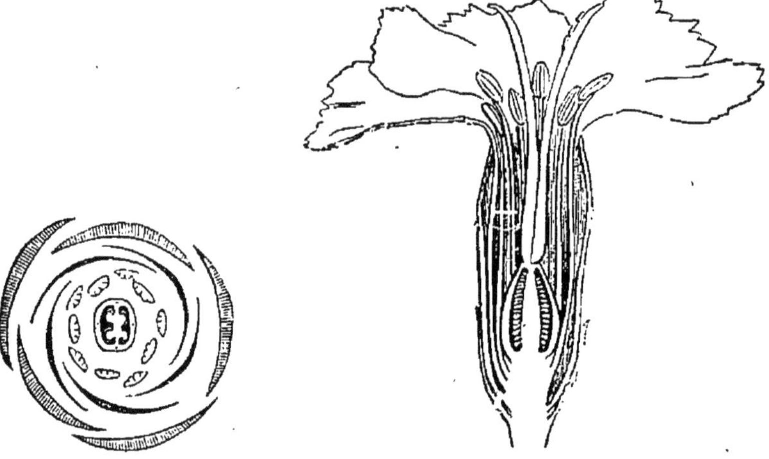

Fig. 180. — *Dianthus*, diagramme.

Fig. 181. — Œillet (*Dianthus caryophyllus*), fleur coupée en long.

répandue est le *Stellaria media* (Mouron des oiseaux) que l'on recueille pour nourrir les oiseaux élevés en cage.

Nous avons déjà signalé quelques-unes des affinités des Caryophyllées. On peut encore rapprocher de cette famille les *Mésembryanthémées* et, par l'intermédiaire de celles-ci, les *Cactées*, plantes à tige charnue généralement dépourvue de feuilles et couverte d'épines, et à fleurs grandes de couleur très brillante. Les Cactées, originaires des contrées les plus chaudes et les plus sèches du gob'e, sont assez souvent cultivées pour la bizarrerie de leur port. A cause de leur tige charnue on leur donne le nom de plantes grasses.

7. — Aurantiacées

113. — Arbres ou arbrisseaux. Feuilles persistantes, alternes, composées, mais souvent réduites à la foliole terminale articulée avec un pétiole dilaté, sans stipules; les feuilles comme l'écorce et même les parties de la fleur sont creusées de glandes contenant une huile essentielle volatile. Fleurs hermaphrodites, régulières, terminales (fig. 182). Calice court à cinq dents. Pétales cinq, alternes avec les dents du calice. Étamines généralement en nombre double de celui des pétales, polyadelphes. par la soudure des filets en trois ou quatre groupes. Ovaire libre, à cinq loges ou plus (fig. 183). Style terminal, simple; stigmate en tête. Le fruit est une baie dont l'enveloppe extérieure est épaisse et parsemée à sa surface de nombreuses glandes à essence. Les cloisons qui séparent les loges sont au contraire minces et membraneuses, et les loges sont loin d'être remplies par les graines peu nombreuses qu'elles contiennent (fig. 184); l'espace laissé entre la graine et les parois de la loge est occupé par un faux tissu formé de vésicules succulentes à contenu sucré, acidule et aromatisé par l'essence que l'on trouve dans tout le végétal. Ces vésicules proviennent du développement exagéré de poils nés sur la paroi interne de la loge, et qui, très courts dans l'ovaire,

Fig. 182. — Oranger, rameau fleuri.

se sont considérablement agrandis pendant que le fruit grossissait. On donne le nom d'*hespéridie* à ce fruit spécial à la famille qui nous occupe. Les graines, dépourvues d'albumen, contiennent souvent chacune plusieurs embryons.

On sait que les Citronniers et les Orangers, espèces principales de la famille, vivent dans les contrées chaudes des deux continents.

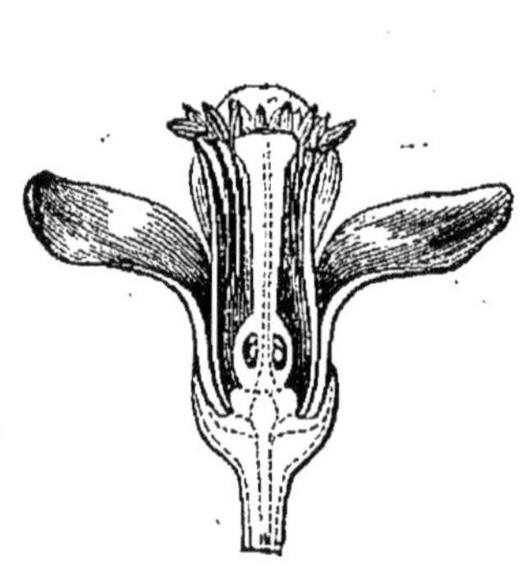

Fig. 183. — Oranger, fleur coupée en long.

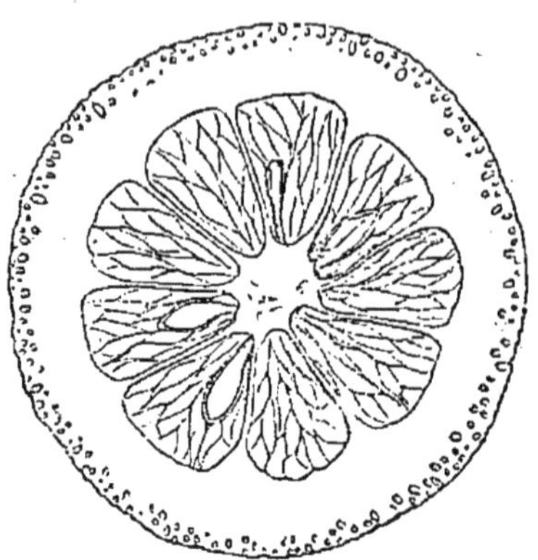

Fig. 184. — Oranger. Coupe transversale du fruit.

8. — Malvacées

114. — Herbes, arbres ou arbrisseaux. Feuilles alternes, à nervation en général palmée, simples ou découpées en folioles distinctes ; stipules deux, persistantes ou caduques. Fleurs hermaphrodites et régulières, solitaires ou groupées en inflo-

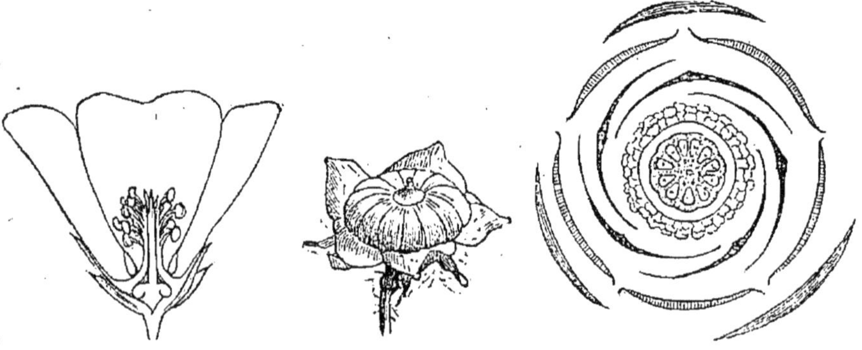

Fig. 185. — Mauve (*Malva rotundifolia*), fleur coupée en long.

Fig. 186. — La même, fruit.

Fig. 187. — Mauve. Diagramme.

rescences variées. Calice persistant, gamosépale, à cinq divisions.

Pétales en même nombre que les lobes du calice (fig. 185, 186 et 187), souvent soudés par l'onglet, tordus dans le bouton. Étamines plus ou moins soudées par leurs filets. Ovaire généralement unique, sessile, à ovules solitaires ou nombreux dans chaque loge. Fruit sec, rarement charnu (*Theobroma*). Graine à albumen charnu, à embryon arqué.

Les Malvacées se subdivisent en deux sous-familles :

SOUS-FAMILLE 1. — MALVACÉES VRAIES. — Calice accompagné d'un calicule que l'on peut regarder comme formé de bractées soudées avec le calice. Étamines monodelphes, les filets formant un tube cylindrique divisé à son sommet en un trèsgrand nombre de filaments qui portent chacun une anthère uniloculaire à pollen épineux. Dans les genres *Malva*, *Althœa*, etc., les carpelles sont nombreux, uniovulés, et, à la maturité, se séparent de l'axe. Dans les genres *Hibiscus*, *Gossypium*, les carpelles sont soudés en une capsule dont chaque loge contient des graines nombreuses.

Les Mauve (*Malva*) et Guimauve (*Althœa*) contiennent un mucilage qui

Fig. 188. — Cotonnier (*Gossypium religiosum*).

les fait employer en médecine comme adoucissantes. Mais les plantes vraiment importantes sont les Cotonniers (*Gossypium*), dont toutes les espèces vivent dans la zone intertropicale et sont l'objet d'une culture de première importance. Leur graine est couverte d'un duvet blanc et soyeux qui fournit la matière textile nommé *coton* (fig. 188). En outre, leur graine pressée donne de l'huile employée pour l'éclairage et la fabrication des savons. Le résidu, sous le nom de tourteau de coton, est utilisé depuis quelques années pour la nourriture des bestiaux. Le Baobab (*Adanso-*

nia digitata) est un arbre de l'Afrique tropicale, très voisin des Malvacées, et célèbre par les dimensions qu'il peut atteindre; on en cite dont le tronc mesure jusqu'à 30 mètres de circonférence.

SOUS-FAMILLE 2. — STERCULIACÉES. — Calice nu. Étamines monadelphes ou polyadelphes, à anthères biloculaires. Ovaire pluriovulé, à graines nombreuses.

Les Sterculiacées appartiennent toutes aux régions tropi-

Fig. 189. — *Theobroma cacao.*

cales. L'espèce qui nous intéresse le plus est le *Theobroma cacao*, originaire de l'Amérique centrale (fig. 189), mais importé par l'homme en Afrique et en Asie. Cet arbre produit un fruit gros, charnu, dans la pulpe duquel sont logées de nombreuses graines entièrement remplies par un embryon volumineux et dont les cotylédons contiennent une matière grasse (beurre de cacao), de l'amidon, du tannin et des substances azotées. Mélangées de sucre et aromatisées avec la vanille, les graines du cacao constituent le *chocolat*.

9. — Géraniacées

115. — Herbacées à feuilles alternes, pétiolées, stipulées, simples, à nervation palmée, rarement pennée. Fleurs hermaphrodites ; pédoncules souvent biflores ou groupés en ombelle simple ; calice libre, persistant, à cinq divisions, sépales quelquefois inégaux, l'un d'entre eux se prolongeant en un éperon soudé avec le pédoncule (*Pélargonium*); pétales hypogynes (fig. 190 et 191), alternes avec les divisions du calice, et en même nombre qu'elles ; étamines en nombre double de celui des pétales, insérées sur deux rangs, les extérieures

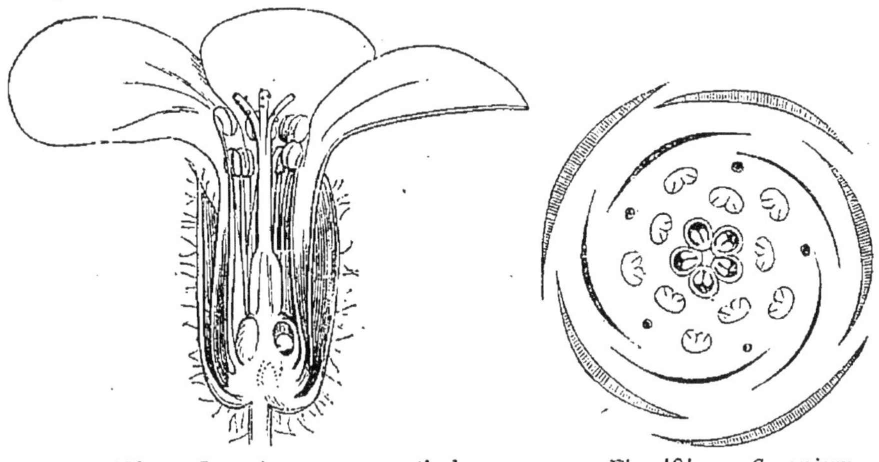

Fig. 190. — *Geranium*, coupe verticale
de la fleur.

Fig. 191. — *Geranium*,
diagramme.

superposées aux pétales et souvent stériles, au moins en partie, les intérieures alternes avec les précédentes et toujours fertiles. Ovaire composé de cinq carpelles verticillés, formant cinq loges surmontées d'un bec auquel adhèrent les styles ; stigmates libres. Fruit capsulaire s'ouvrant de façon que chacun des carpelles devienne libre et soit soulevé par l'enroulement du style qui reste adhèrent, par son sommet, avec les autres styles. Graines sans albumen, à embryon courbe.

Ces plantes appartiennent aux régions tempérées. Les *Geranium* à l'hémisphère nord, les *Pelargonium* à l'hémisphère austral et surtout au cap de Bonne-Espérance. Ce dernier genre est très cultivé comme plante d'ornement, généralement sous le nom impropre de Géranium.

10. — Rutacées

116. — Plantes vivaces, ligneuses ou herbacées. Feuilles alternes sans stipules, diversement découpées, généralement marquées de points transparents qui ne sont autre chose que des glandes remplies d'une huile essentielle, et creusées dans le parenchyme de la feuille. Fleurs hermaphrodites, généralement régulières, solitaires ou diversement groupées. Calice persistant à quatre ou cinq divisions (fig. 192). Pétales en nombre égal à celui des pièces du calice, alternes avec elles. Étamines en même nombre que les pétales ou en nombre double. Ovaire unique, à deux, trois ou cinq loges placées sur un support plus ou moins élevé et entouré à sa base d'un disque glanduleux. Ovules à placentation axile, anatropes. Style variable. Fruit capsulaire. Graines avec ou sans albumen et à embryon droit ou arqué.

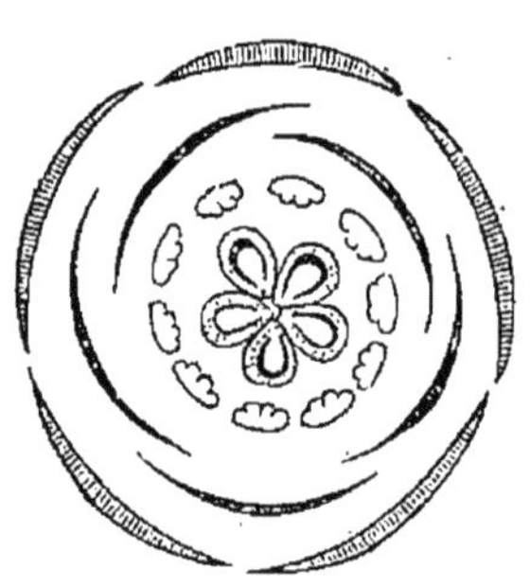

Fig. 192. — Rue (*Ruta graveolens*), diagramme.

Cette famille peut se subdiviser en plusieurs tribus.

Tribu 1. — Rutées. — Plantes souvent herbacées. Feuilles en général découpées. Étamines en nombre double de celui des pétales. Ovules nombreux dans chaque loge. Graines albuminées; embryon arqué.

Les Rutées appartiennent toutes à l'ancien continent, elles sont communes surtout dans les régions tempérées du bassin de la Méditerranée. Ces plantes doivent des propriétés stimulantes à l'huile volatile sécrétée par les glandes des feuilles et de la fleur. L'espèce la plus employée est la Rue (*Ruta graveolens*). Parmi les fleurs qui composent l'inflorescence de cette plante, la plus centrale est souvent construite sur le type cinq, tandis que celles qui l'entourent appartiennent au type quatre. La Fraxinelle (*Dictamnus fraxinella*) (fig. 193) produit une telle quantité d'huile volatile que l'air qui environne la plante se charge de vapeurs et peut s'enflammer à l'approche d'une bougie allumée; il faut pour cela que la température soit assez élevée et l'air parfaitement calme. Comme chez beaucoup d'autres plantes, les étamines et les styles sont susceptibles de mouvements spontanés qui ont pour effet d'amener successivement, à un même point de l'espace, d'abord une anthère, plus tard un stigmate; ces mouvements ne servent pas, comme on pourrait le croire, à rapprocher les organes sexuels d'une fleur donnée, puisque lorsque l'étamine se dresse le stigmate n'est pas encore

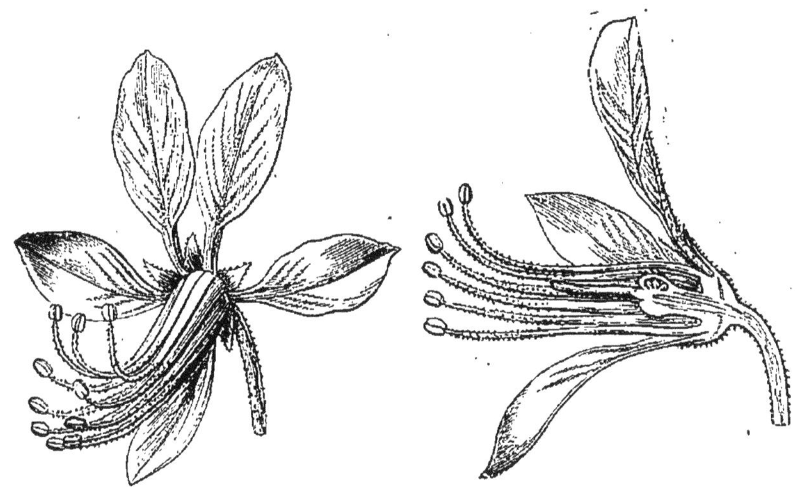

Fig. 193. — Fraxinelle (*Dictammus fraxinella*), fleur entière et coupée en long.

mûr, et lorsque le stigmate entre lui-même en mouvement l'anthère est déjà vide. Ils sont au contraire destinés à assurer la fécondation croisée opérée par l'intermédiaire des insectes; en effet, une abeille visitant les fleurs de la Rue se place toujours dans la même position par rapport à la fleur, et celle-ci récemment ouverte, une de ses étamines dressée dépose du pollen sur un certain point du corps de l'insecte; celui-ci allant ensuite se poser sur une fleur plus âgée, dont le stigmate est mûr, touche cet organe avec la portion de son corps précédemment chargée de pollen.

Tribu 2. — Diosmées. — Arbustes ou arbrisseaux. Feuilles opposées ou alternes, coriaces, habituellement simples. Étamines en même nombre que les pétales. Loges de l'ovaire biovulées. Graines souvent dépourvues d'albumen, à embryon droit.

Les Diosmées habitent l'Afrique australe, l'Australie ou l'Amérique tropicale. Plusieurs d'entre elles sont employées en médecine, notamment les *Barosma crenata* (Buchu), et *Galipea cusparia* qui fournit l'écorce fébrifuge d'Angusture vraie.

117.—Le bois de *Quassia amara*, très employé comme médicament amer, provient d'un arbre de la famille des *Simarubées* qui est voisine des Rutacées. L'*Ailanthus glandulosa*, vulgairement Vernis du Japon, fréquemment planté en France, appartient à la même famille.

Le Gayac (*Guaiacum sanctum*), jadis employé en médecine et encore très recherché à cause de la dureté de son bois, est le type de la famille des *Zygophyllées* qui appartient encore au même groupe que les précédentes.

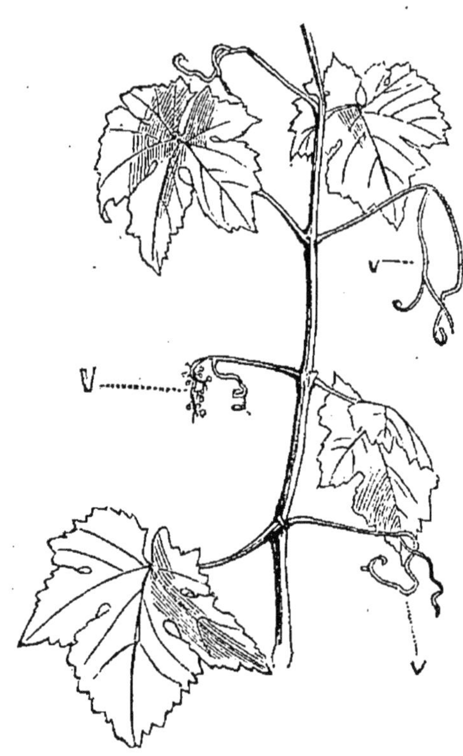

Fig. 194. — Rameau de vigne.

11. — Ampélidées

118.—Arbres ou arbrisseaux sarmenteux, généralement grimpants, à rameaux noueux. Feuilles pétiolées, simples ou quelquefois composées, alternes, à stipules petites et caduques. Fleurs hermaphrodites, ordinairement petites, verdâtres, groupées en grappes simples ou composées. Les inflorescences sont opposées aux feuilles, au lieu d'être disposées à leur aisselle, comme cela a lieu d'habitude; leur position est la même que celles des vrilles (fig. 194) qui servent de support à la plante; d'ailleurs il est facile de voir, en comparant les unes et les autres, que les vrilles ne sont que des grappes avortées. Calice petit, à quatre ou cinq dents. Pétales quatre ou cinq, alternes avec les dents du calice; souvent cohérents par leur partie supérieure (fig. 195 et 196), ils se détachent de leur support au moment de l'épanouissement de la fleur, et toute la corolle tombe, comme une sorte de capuchon. Étamines cinq, superposées aux pétales. Ovaire unique, libre, à deux loges biovulées. Ovules anatropes, dressés. Le fruit est une baie contenant des graines à enveloppe dure, avec un embryon petit et un albumen assez développé.

Les Ampélidées vivent dans les contrées chaudes des deux

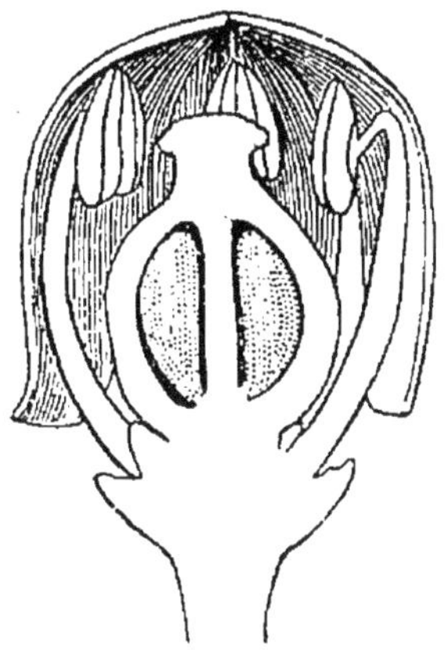

Fig. 195. — Vigne, coupe verticale de la fleur.

Fig. 196. — Vigne, diagramme.

continents. C'est une petite famille dont le genre *Vitis* seul a de l'importance pour ses applications. L'espèce type, *Vitis vinifera* (la Vigne), est originaire de l'ancien continent, et cultivée depuis un temps immémorial. Elle a donné naissance à un très grand nombre de variétés, dont les fruits, consommés à l'état frais ou sec, fournissent, en outre, un suc qui, après fermentation, porte le nom de *vin*.

Il existe dans l'Amérique du nord, un assez grand nombre d'espèces appartenant au même genre, et fournissant des raisins encore comestibles, mais d'une qualité inférieure à nos raisins d'Europe. Quelques unes de ces espèces peuvent aussi donner du vin.

119. — Les dialypétales hypogynes contiennent encore un très grand nombre de familles moins importantes, que nous

ne pouvons décrire en détail, et dont nous mentionnerons seulement les principales.

Les *Violariées* et les *Résédacées*, à fleurs irrégulières et à placentation pariétale, ont pour types le Réséda odorant, la Violette et la Pensée.

Les *Droséracées*, petites plantes des lieux tourbeux, sont remarquables par leurs feuilles couvertes de poils glanduleux, rouges, qui, au contact d'un insecte, sécrétent une liqueur capable d'opérer la digestion des matières animales comme le suc gastrique. Cette propriété est encore plus marquée dans le suc laiteux du *Carica papaya* appartenant à une famille voisine.

Les *Ternstrœmiacées* nous donnent les belles fleurs du Camélia, et la feuille aromatique si recherchée du Thé.

Le Tilleul, employé comme arbre d'ornement et dont les fleurs parfumées sont recueillies par les pharmaciens, se place à côté des malvacées.

Les *Balsaminées* et les *Tropéolées* fournissent des plantes d'ornement.

Les *Linées*, voisines comme les précédentes des géraniacées, ont pour type le Lin, cultivé pour ses fibres textiles plus estimées encore que celles du chanvre.

Les *Acérinées* (Érables) et les *Hippocastanées* (Marronnier d'Inde) sont des arbres d'ornement. De plus les premiers fournissent un bois recherché en ébénisterie.

12. — Ombellifères

120. — Plantes herbacées, vivaces, à tige ordinairement sillonnée, renflée aux nœuds et fistuleuse dans les entrenœuds. Feuilles alternes, à pétiole dilaté en gaîne à la base, à limbe généralement très découpé, rarement entier (*Bupleurum*). Fleurs hermaphrodites, disposées en ombelle composée ou quelquefois simple (*Eryngium, Astrantia*). Il peut exister à la base de l'ombelle générale un involucre de bractées, à la base des ombellules partielles, des involucelles ; l'un ou l'autre ou même les deux à la fois peuvent manquer. Calice confondu avec l'ovaire dans sa partie inférieure, à limbe formant cinq dents ou nul. Cinq pétales libres, épigynes

(fig. 197), souvent à pointe infléchie vers le centre, égaux entre eux ou inégaux dans les fleurs situées aux bords de l'ombellule ; les pétales dirigés vers l'extérieur sont alors plus développés que les autres, et ces fleurs sont dites *rayonnantes*. Étamines cinq, alternes avec les pétales, insérées comme eux au sommet de l'ovaire, et courbées vers le centre de la fleur dans le bouton. Ovaire unique, à deux loges tournées, l'une vers le centre de l'ombelle, l'autre vers la circonférence, et contenant chacune un seul ovule anatrope, pendant. Styles deux, épaissis à leur base en un disque charnu dont le bord recouvre l'insertion des pétales et des étamines. A la maturité le fruit se dédouble en deux faux akènes ou *méricarpes*, qui restent sus-

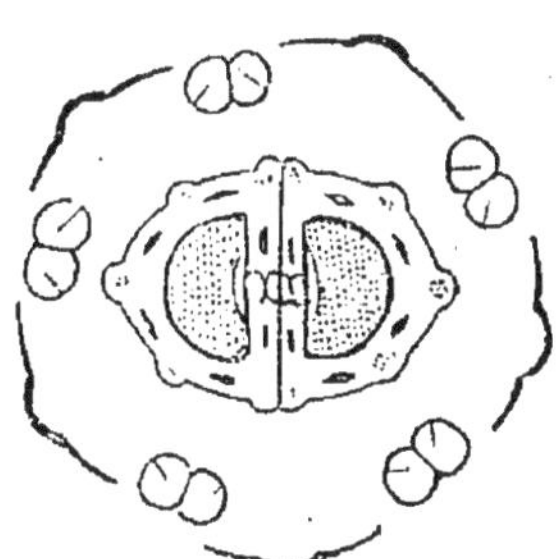

Fig. 197. — Fenouil, diagramme.

pendus à un filament simple ou bifide (fig. 198 et 199) et contiennent chacun une graine formée d'un albumen corné enveloppant un embryon droit et petit. La surface de chaque méricarpe est marquée de cinq côtes qui correspondent aux nervures médianes des sépales et des pétales : ce sont les *côtes*

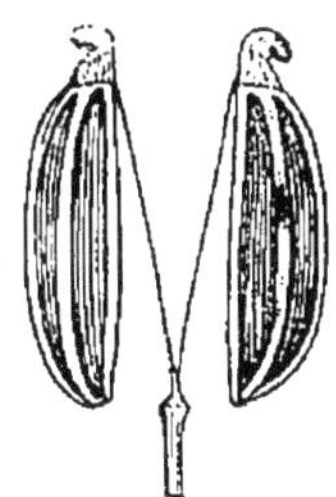

Fig. 198. — Fenouil, fruit.

Fig. 199.— *Æthusa.*, fruit à carpophore bifide.

primaires. On appelle *vallécules* les sillons interposés aux côtes primaires. Quelquefois des *côtes secondaires* se trouvent à la place des vallécules ; il peut en exister quatre sur chaque méricarpe. Enfin (fig. 200) des conduits résinifères nommés *bandelettes* se développent dans le tissu du péricarpe au-dessous des vallécules et aussi sur la face plane du fruit. Les différents caractères du fruit ont une grande importance pour la distinction des genres, laquelle est souvent difficile dans cette famille très homogène, dont toutes les espèces offrent de grands rapports d'organisation. On divise souvent la famille en deux tribus : les *Orthospermées* dont la graine a une face plane, et les *Campylospermées* chez lesquelles la face plane est remplacée par une face concave.

Les Ombellifères vivent surtout dans l'hémisphère boréal dont elles habitent les régions tempérées, en particulier le bassin de la Méditerranée et l'Asie centrale. Elles contiennent-

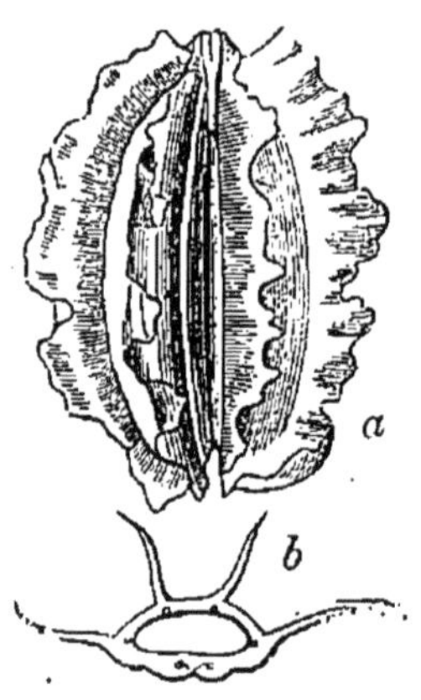

Fig. 200. — *Laserpitium latifolium*; *a*, fruit entier; *b*, fruit coupé transversalement.

nent un grand nombre d'espèces alimentaires, tandis que d'autres sont officinales ou vénéneuses. Presque toutes ont une odeur forte due à une huile essentielle contenue dans des canaux sécréteurs analogues à ceux qui forment les bandelettes du fruit (fig. 201). Elles doivent à ce principe d'être employées comme condiment ainsi que cela arrive pour le Persil, l'Anis, le Cumin, etc. Leur racine peut devenir tubéreuse et charnue dans le Panais et surtout la Carotte; chez le Céleri-rave c'est la base de la tige qui subit cette modification, tandis que le Céleri ordinaire et l'Angélique sont utilisés pour leurs pétioles gros et charnus. Parmi les espèces médicinales, les unes comme les *Thapsia*, *Ferula*, etc., sont

employées à cause de la résine très odorante et très irritante qu'elles peuvent fournir, tandis que les autres, comme

Fig. 201. — Anis (*Pimpinella anisum*); *a*, fruit entier; *b*, fleur grossie; *d*, fruit
coupé transversalement.

la Ciguë aquatique, doivent leur activité à un alcaloïde végétal qui est un véritable poison.

13. — Myrtacées

121.—Plantes arborescentes à feuilles opposées ou verticil-
lées, simples, entières, en général sans stipules (fig. 201 *bis*).
Fleurs hermaphrodites, régulières, en inflorescences variées.
Calice à tube confondu avec les parois de l'ovaire, à limbe

tantôt persistant, tantôt se détachant comme un opercule, au moment de l'épanouissement. Pétales, quatre ou cinq, insérés à la gorge du calice, et alternes avec les lobes (fig. 202 et

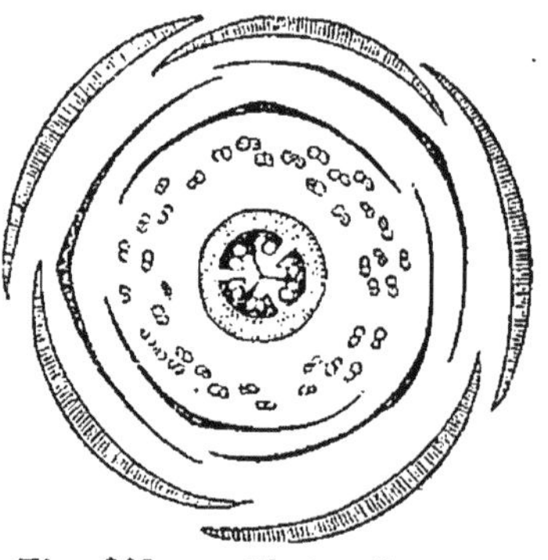

Fig. 201 *bis*. — Myrte commun. Rameau fleuri.　Fig. 202. — Myrte, diagramme.

203). Étamines nombreuses, plus ou moins soudées à la base en un ou plusieurs faisceaux. Ovaire infère, en général pluriloculaire, à ovules nombreux. Fruit capsulaire ou baccien. Graine sans albumen, à embryon droit ou arqué.

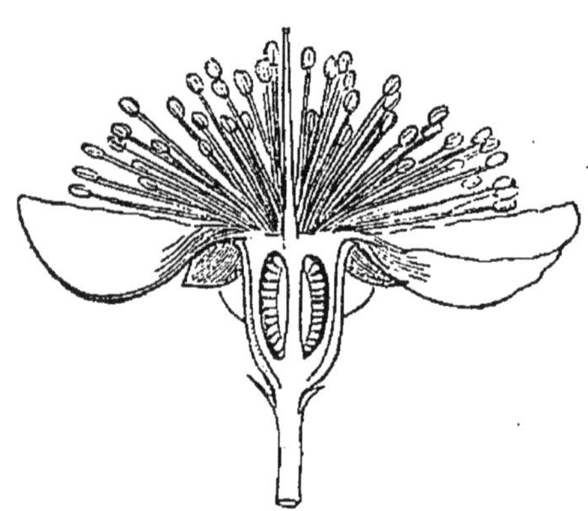

Fig. 203. — Myrte, fleur coupée verticalement.

La famille des Myrtacées appartient aux contrées chaudes des deux continents. Elle est remarquable par un grand nombre de plantes aromatiques, dont les feuilles, les fleurs ou les fruits sont utilisés. Nous citerons notamment : le Myrte (*Myrtus communis*) de la région méditerranéenne ; le Giroflier (*Caryophyllus aromaticus*), arbrisseau des îles Moluques, dont les boutons constituent les *clous de girofle*. Les Goyaviers et les Couroupitas de l'Amérique tropicale fournissent des fruits recherchés. Les Eucalyptus, originaires de l'Australie, où ils atteignent des dimensions colossales, sont des arbres précieux par leur bois très dur et très inaltérable, par leur rapidité de végétation, et, enfin, les qualités aromatiques de leurs feuilles. On leur attribue la propriété d'assainir les localités marécageuses où ils sont plantés; cette propriété remarquable les a fait introduire en Algérie. Le *Bertholletia excelsa*, du Brésil, a des graines volumineuses dont l'amande est comestible. Enfin le Grenadier se rattache encore à cette famille.

14. — Rosacées

122. —Tige herbacée ou ligneuse; feuilles alternes, stipulées; inflorescence variée; fleurs hermaphrodites, quelquefois

Fig. 204. — Pêcher, coupe verticale de la fleur.

diclines; calice à cinq, rarement quatre sépales; corolle régulière, pétales autant que de sépales, insérés sur le calice, quelquefois nuls; étamines ordinairement nombreuses insérées comme les pétales; pistil varié; ovules anatropes; graines sans albumen; embryon droit.

Cette famille se subdivise très naturellement en six tribus, distinguées surtout par la forme du fruit et les rapports des carpelles avec le calice.

TRIBU 1. — AMYGDALÉES.—Tige ligneuse; feuilles simples, entières ou dentées, à stipules libres et caduques; fleurs

hermaphrodites, solitaires, en grappe ou en corymbe; calice
libre, caduc, à cinq sépales; pétales, cinq; étamines nombreuses (fig. 204); carpelle unique contenant deux ovules
dont un seul habituellement se développe jusqu'à maturité en
une graine dépourvue d'albumen. Le fruit est une drupe.

Les principaux genres de cette tribu sont utilisés pour leurs
fruits. Dans le genre *Prunus* c'est la chair de la drupe qui
est comestible (prune, cerise, abricot, pêche). Dans le genre
Amygdalus (Amandier) c'est au contraire la graine qui est
comestible à cause de l'embryon volumineux qui la forme
presque entièrement et dont les cotylédons, riches en huile,

Fig. 205. — Diagramme d'une fleur de Spirée.

ont un goût délicat. Les amandes amères, quoique produites
par un arbre tout semblable à celui qui fournit les amandes
douces, contiennent les éléments de l'acide cyanhydrique,
poison des plus violents, uni à l'essence d'amandes amères.
On retrouve d'ailleurs ces mêmes principes dans les graines
et même dans les feuilles des autres Amygdalées.

Le bois de ces arbres est recherché pour la menuiserie et
l'ébénisterie, et peut, sous l'influence d'un état maladif de la
plante, fournir une gomme très-analogue à la gomme arabique.

TRIBU 2. — SPIRÉACÉES. — Tige ligneuse ou herbacée;
feuilles souvent très découpées; fleurs en général petites,

disposées en grappe ou en panicule; calice persistant, à cinq sépales; pétales, cinq ; étamines nombreuses; carpelles ordinairement cinq, insérés en verticille au fond du calice, libres, contenant de deux à douze ovules, et donnant chacun un follicule (fig. 205).

Les Spirées sont surtout des plantes d'ornement. Leur écorce contient souvent des principes astringents, et c'est probablement à cette tribu que l'on doit rapporter le *Brayera anthelmintica*, arbuste d'Abyssinie, dont les fleurs sont employées sous le nom de *Kousso*, contre le ver solitaire.

TRIBU 3.— DRYADÉES.— Les Dryadées ressemblent par presque tous leurs caractères aux Spiréacées. Elles en diffèrent :

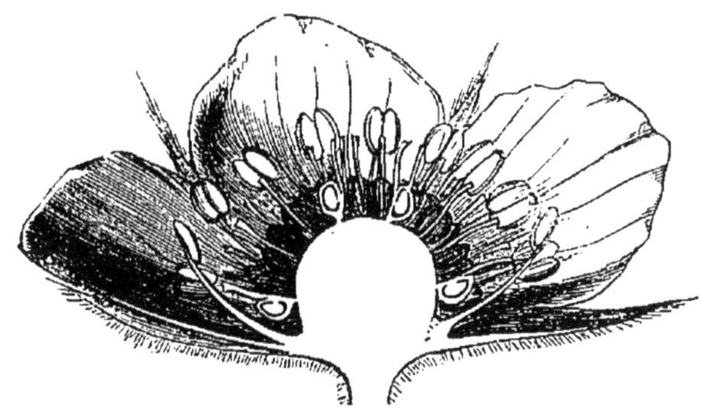

Fig. 206. — Fraisier, fleur coupée en long.

par le nombre plus considérable de leurs carpelles qui sont disposés sur un réceptacle s'élevant en colonne au centre de la fleur (fig. 206) ; par le nombre des ovules qui se réduit à l'unité pour chaque carpelle; enfin par la nature du fruit qui est un akène dans les Fraisiers et une drupe chez les Ronces.

La partie comestible du faux fruit connu sous le nom de fraise, n'est autre chose que le réceptacle devenu charnu et succulent, tandis qu'il reste sec chez les Potentilles, espèces cependant très voisines des Fraisiers. Au contraire dans les fruits des Ronces, et en particulier du Framboisier, ce que nous recherchons c'est la portion charnue des petites drupes qui couvrent le réceptacle.

TRIBU 4. — SANGUISORBÉES.—Les Sanguisorbées diffèrent surtout des autres Rosacées par l'absence des pétales(fig. 207). Aussi ont-elles été souvent rangées parmi les plantes apétales, mais l'analogie de leurs formes les rattache nécessairement à la famille des Rosacées dont elles doivent être considérées comme un type dégradé quant à l'organisation florale. Nous n'insisterons pas d'ailleurs sur ce groupe dont les espèces n'offrent aucune plante importante par ses usages.

Les types les plus communs, dans notre pays, sont : la Pim-

Fig. 207. — Alchemille, fleur coupée en long.

Fig. 208. — Rosier ; *a*, rameau fleuri; *b*, fleur coupée en long; *c*, akène.

prenelle (*Poterium*), l'Alchimille (*Alchemilla*) et l'Aigremoine (*Agrimonia*).

Tribu 5. — Rosées. — Tige ligneuse ordinairement pourvue d'aiguillons ; feuilles pennées, à stipules adhérentes au pétiole ; fleurs hermaphrodites, solitaires ou en corymbe ; calice formé d'un tube resserré à la gorge et portant cinq lobes calicinaux inégalement découpés sur leurs bords; les pétales au nombre de cinq (fig. 208), alternes avec les lobes calicinaux, sont insérés, ainsi que les étamines nombreuses, sur le bord

du tube calicinal ; les carpelles nombreux, insérés sur le fond
ou sur la paroi interne du tube calicinal, sont libres, uniovulés
et surmontés chacun d'un long style à stigmate arrondi ; les
fruits qui en résultent sont des akènes renfermés dans le
tube calicinal qui devient charnu à la maturité.

Le genre *Rosa* compose presque à lui seul cette tribu. Il
contient un assez grand nombre d'espèces dont les fleurs,

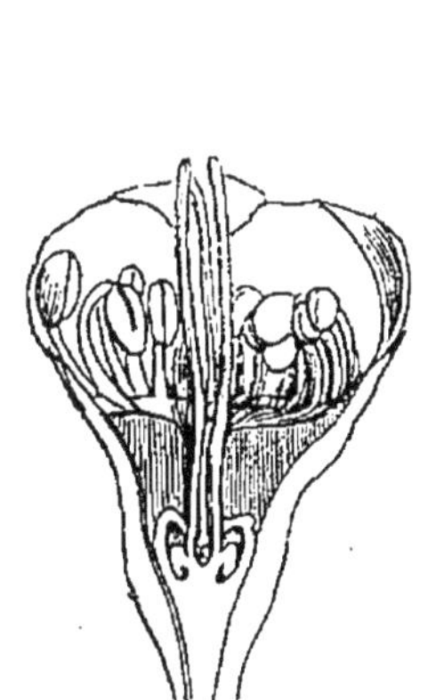

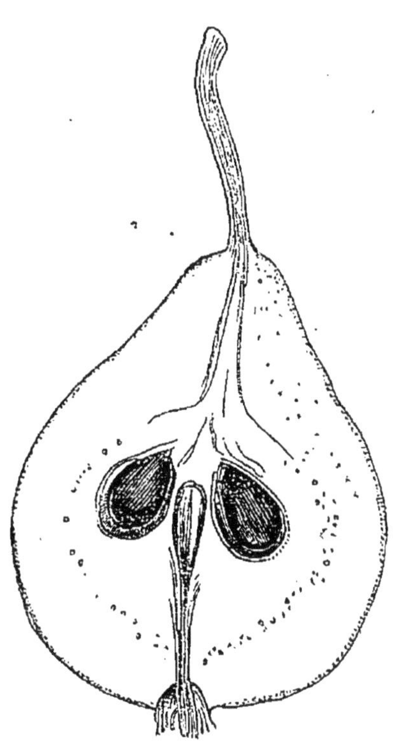

Fig. 209. — Poirier, coupe verticale de la fleur.

Fig. 210. — Poirier, coupe verticale
du fruit.

susceptibles de doubler par la culture, sont devenues l'un des
principaux ornements des jardins, et présentent d'innombra-
bles variétés. On sait que le doublement de ces fleurs consiste
dans la transformation de leurs étamines en pétales. L'enveloppe charnue du fruit est acidulée et légèrement sucrée,
et peut être mangée ou servir à faire des conserves.

Triru 6. — Pomacées. — Tige ligneuse ; feuilles simples,
entières ou découpées, à stipules libres et caduques ; fleurs
hermaphrodites, solitaires ou en corymbe ; calice formé d'une

portion inférieure qui se confond avec les parois de l'ovaire
(fig. 209 et 210) et d'une portion supérieure présentant cinq
lobes calicinaux; cinq pétales alternes avec les lobes calicinaux, insérés ainsi que les étamines nombreuses sur le bord
du tube calicinal; l'ovaire unique est formé de cinq carpelles soudés entre eux et confondus avec le tube du calice;
il présente donc cinq loges à deux ou plusieurs (Coignassier)
ovules et donne en mûrissant un fruit nommé *pomme* dont
la chair en général très développée comprend, confondus ensemble, le tube calicinal et la paroi extérieure de l'ovaire. La
couche qui entoure immédiatement les graines est tantôt car-
tilagineuse (pomme, poire), tantôt osseuse (nèfle). Ce fruit
est indéhiscent.

Le principal genre de cette tribu est le genre *Pyrus*
auquel appartiennent le Pommier et le Poirier. Ces espèces
offrent, dans nos cultures, non moins de variétés que les
espèces de Roses. On pourrait encore citer les Sorbiers, le
Néflier, etc., utilisés pour leurs fruits et aussi pour leur bois.

15. — Légumineuses

123. — Calice imbriqué ou valvaire; corolle papilionacée
ou régulière; étamines 10, diadelphes ou monadelphes ou
nombreuses, périgynes; pistil presque toujours unicarpellé;
fruit légume; graine ordinairement sans albumen; embryon
droit ou replié.

Cette famille se subdivise en trois sous-familles, dont une
surtout habite nos contrées, c'est celle des *Papilionacées;*
tandis que les *Mimosées* et les *Césalpiniées* appartiennent
aux régions chaudes.

J. — PAPILIONACÉES. — Tige ligneuse ou herbacée; les feuilles alternes, stipulées, sont généralement pennées. Fleurs
complètes, disposées en grappe, en épi ou en tête; calice
à cinq divisions; corolle ordinairement à cinq pétales alternes avec les sépales, libres, inégaux (fig. 211). Le pétale
supérieur, plus grand que les autres et les embrassant, se

redresse verticalement pendant la floraison et forme l'*éten-dard* de la corolle. Les deux latéraux, égaux entre eux, se nomment les *ailes*. Les deux inférieurs enfin, aussi égaux entre eux, souvent un peu adhérents par leur bord inférieur, forment la *carène*. Étamines, dix, monadelphes (*Genêt*, fig. 212) ou diadelphes (neuf soudées ensemble et la supérieure libre), rarement toutes libres. Ovaire unique, contenant plu-

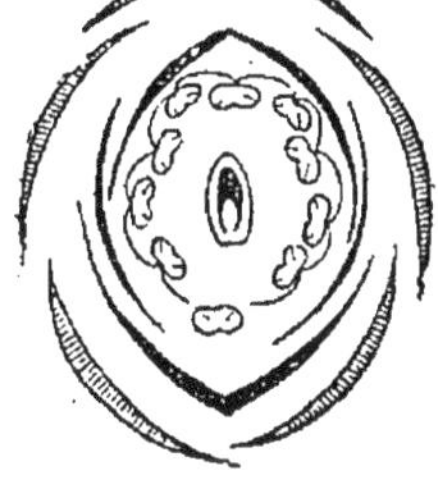

Fig. 211. — *Vicia*, diagramme.

Fig. 212. — Genêt des teinturiers (*Genista tinc-toria*) *a*, sommité fleurie ; *b*, pièces de la co-rolle ; *c*, fleur dépouillée de la corolle.

. sieurs ovules campylotropes insérés sur la suture supérieure. Fruit : en général un légume s'ouvrant en deux valves, quel-quefois subdivisé par une fausse cloison longitudinale (*As-tragalus*) ou par des fausses cloisons transversales (*Hedysa-rum*). Graine sans albumen. Embryon courbe.

Cette sous-famille fournit des espèces à graines comesti-bles pour l'homme, telles que le Pois (*Pisum sativum*), le Haricot (*Phaseolus vulgaris*), la Lentille (*Ervum lens*), la Fève (*Faba vulgaris*). Ces graines contiennent un em-bryon à cotylédons charnus, dont les cellules sont remplies

10.

de grains d'amidon mélangés avec une certaine quantité de matières azotées, qui augmentent encore leurs qualités nutritives.

Un plus grand nombre d'espèces encore sont employées comme fourrage pour la nourriture des animaux domestiques; les plus importantes sont empruntées aux genres *Trifolium* (Trèfle incarnat, Trèfle commun), *Medicago* (Luzerne, Minette), *Vicia* (Vesce), *Onobrychis* (Esparcette, etc).

Les rhizômes du *Glycyrhiza glabra* (Réglisse) contiennent un suc sucré qui, évaporé, est fort employé, à l'état d'extrait, en médecine et dans la confiserie.

Les *Indigofera tinctoria*, *anil*, *argentea*, petits arbrisseaux de l'Asie tropicale, fournissent l'*indigo*, l'une des principales matières colorantes employées par l'industrie. La *gomme adragante* qui se gonfle beaucoup dans l'eau sans s'y dissoudre complètement, provient d'une altération du bois de plusieurs arbrisseaux appartenant au genre *Astragalus*, et originaires de Syrie et de Perse.

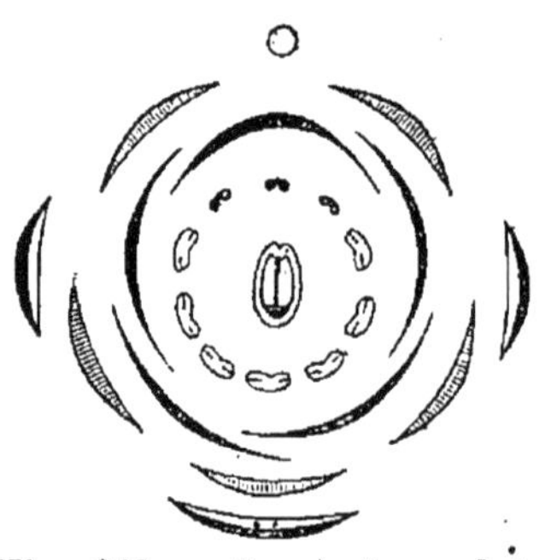
Fig. 213. — *Cassia lanceolata*, diagramme.

Enfin quelques arbres du même groupe fournissent des bois estimés, par exemple le *Robinia pseudo-acacia*, originaire de l'Amérique septentrionale, et naturalisé en Europe sous le nom d'Acacia. Beaucoup d'autres espèces sont cultivées comme plantes d'ornement *Glycine*, *Galega*, *Cytise*, etc.

II. — CÉSALPINIÉES. — La sous-famille des Césalpiniées se distingue surtout de la précédente par sa corolle presque régulière (fig. 213), ses ovules anatropes, et ses graines souvent albuminées avec un embryon droit.

Elle fournit aussi beaucoup d'espèces utiles. L'*Hematoxylon campechianum* est un grand arbre des Antilles, dont le bois sert à la teinture. Le genre *Cassia*, dont les espèces sont répandues dans les deux continents, est bien connu pour l'emploi fait en médecine de ses légumes qui fournissent la Casse et le Séné. Le *Cercis siliquastrum* (Arbre de Judée), les *Poinciania* et les *Gleditschia* ont été acclimatés comme plantes d'ornement.

III.—MIMOSÉES.—Les Mimosées ont une tige habituellement

ligneuse, des feuilles bi ou tripennées, remplacées quelquefois par des phyllodes provenant de l'élargissement du pétiole
et simulant des feuilles simples. Les fleurs sont régulières.
Les étamines souvent nombreuses. Sa graine contient un
embryon droit.

Le genre principal est le genre *Acacia*, répandu dans
toute la zone tropicale de l'ancien continent et en Australie
(fig. 214). La *gomme arabique* est produite par des espèces
de ce genre, vivant en Afrique, en Arabie et dans l'Inde.

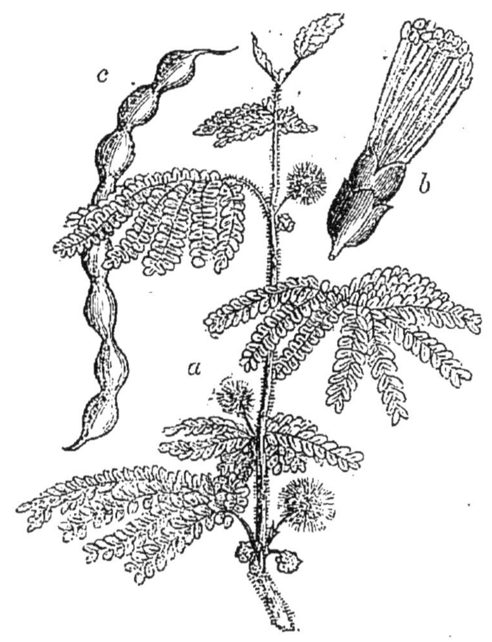

Fig. 214. — *Acacia nilotica;* *a*, rameau fleuri; *b*, fleur isolée; *c*, fruit.

L'*Acacia catechu* fournit, par décoction de son bois, un suc
nommé *cachou*, employé en médecine.

La Sensitive (*Mimosa pudica*) est une herbe annuelle de
la même famille, célèbre par les mouvements que ses feuilles
peuvent exécuter lorsqu'elles sont excitées par un choc.
Pour que le phénomène se produise complètement, il faut
que la plante, bien vivante, soit soumise à une température
de 25° environ. Dans ces conditions, si l'on vient à toucher
une feuille, les folioles qui la composent se replient de
manière à se toucher par leur face supérieure; ce sont
d'abord celles sur lesquelles le choc a porté directement,

puis le mouvement se propage aux voisines, jusqu'à ce que toutes les folioles se soient repliées, si le choc a été assez fort ; puis, le pétiole commun, tournant autour de l'articulation qui le fixe à la tige, s'abaisse le long de celle-ci ; enfin le mouvement peut se propager aux autres feuilles que porte la plante. On a donné à ce phénomène le nom de *sensibilité*, qui peut-être est impropre, car il semble indiquer que la plante a, en quelque façon, conscience de ce qui se passe en elle, ce qui n'est nullement prouvé. Quoi qu'il en soit ces mouvements remarquables peuvent être suspendus non seulement par une température trop basse ou toute autre condition qui gêne la nutrition de la plante, mais encore par l'influence des agents qui abolissent la sensibilité des animaux. C'est ainsi qu'un pied de Sensitive cesse de répondre aux excitations qu'on lui impose lorsqu'il a séjourné pendant quelques minutes sous une cloche à côté d'un tampon de coton imbibé de chloroforme.

Outre ces mouvements provoqués par le choc, plusieurs légumineuses offrent le phénomène appelé *Sommeil des plantes*, et qui consiste en ce que, à l'approche de la nuit, les folioles s'abaissent au lieu de rester étalées comme pendant le jour.

Enfin, les folioles de l'*Hedysarum gyrans*, papilionacée de l'Inde, exécutent continuellement des mouvements de rotation que l'on ne peut plus expliquer par le changement des conditions physiques qui agissent sur la plante.

IV. — SÉRIE DES GAMOPÉTALES

1. — Primulacées

124.—Plantes herbacécs à feuilles opposées ou en rosette, simples, sans stipules. Fleurs hermaphrodites, solitaires, en ombelle ou en panicule, régulières ; calice gamosépale, quinquéfide ; corolle gamopétale, hypogyne, rotacée ou infundibuliforme, à cinq divisions ; cinq étamines insérées sur le tube de la corolle et superposées aux pétales (fig. 215). Ovaire libre, très-rarement soudé avec la base du calice (*Samolus*, fig. 216) uniloculaire, à placenta central, libre et portant

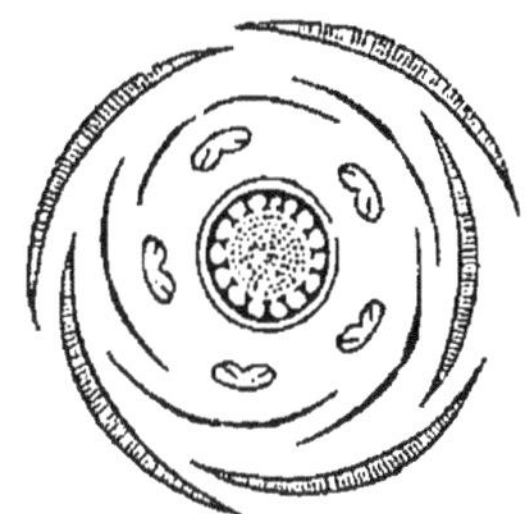

Fig. 215. — Primevère, diagramme.

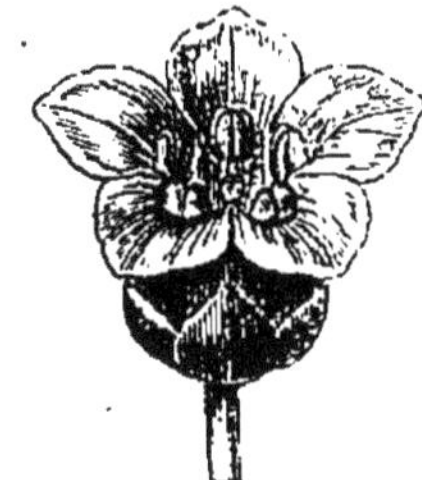

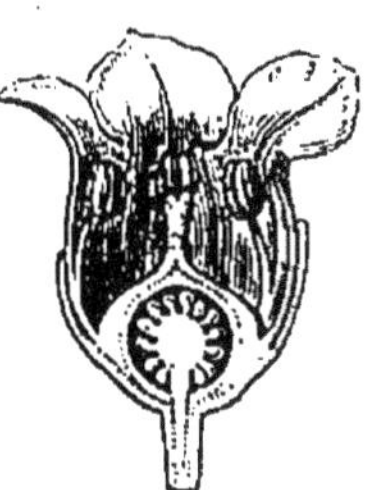

Fig. 216. — *Samolus Valerandi*, fleur entière et coupée en long.

de nombreux ovules anatropes ; style terminal, stigmate globuleux. Capsule s'ouvrant tantôt par des valves, tantôt en pyxide. Embryon droit occupant l'axe d'un albumen charnu.

Le principal genre est le genre Primevère (*Primula*) dont quelques espèces sont cultivées comme plantes d'ornement (fig. 217). Les fleurs de ce genre présentent deux formes dans chaque espèce. Tantôt les anthères atteignent la gorge de la corolle, tandis que le style restant court, le stigmate se trouve à mi-hauteur du tube de la corolle ; ces fleurs sont dites *brévistyles*. D'autres pieds portent des fleurs *longistyles* dans lesquelles le stigmate se trouve à la hauteur de la gorge et les anthères au milieu du tube de la corolle. On a remarqué que le pollen d'une fleur ne peut jamais féconder le stigmate de la même fleur, ni d'aucune autre fleur de la même forme. Pour féconder une fleur brévistyle, il faut employer le pollen d'un fleur longistyle; on voit par ce qui précède que si un insecte, visitant successivement des fleurs de l'une et l'autre forme, emporte sur sa trompe le pollen des unes et vient l'appliquer sur le stigmate des autres, il arrivera précisément que les fleurs à style court seront fécondées par le pollen des fleurs à style long, et, inversement, les stigmates des longistyles recevront le pollen des brévis-

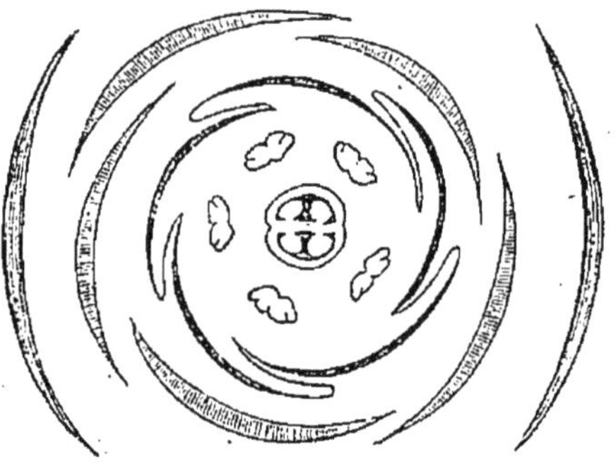

Fig. 217. — Primevère, plante entière.　　Fig. 218. — *Calystegia*, diagramme.

styles. Ainsi se trouvera réalisée la *fécondation croisée* qui est la condition la plus favorable à la production d'un grand nombre de bonnes graines. Le Mouron (*Anagallis*) passe pour vénéneux.

21. — Convolvulacées

125.—Plantes herbacées ou ligneuses, à tige généralement volubile et à suc laiteux. Feuilles alternes, sans stipules. Fleurs hermaphrodites, régulières, solitaires et souvent accompagnées de deux bractées qui peuvent devenir grandes et se rapprocher de la fleur en l'enveloppant (*Calystegia sepium*)

(fig. 218). Calice à cinq sépales libres, persistant. Corolle gamopétale, hypogyne, campanulée ou en entonnoir, à limbe
marqué de cinq plis et tordu dans le bouton. Cinq étamines,
alternes avec les lobes de la corolle ; anthères à déhiscence
longitudinale ; pollen à grains très gros, lisses. Ovaire unique,
à deux, trois ou quatre loges uni ou biovulées ; style terminal, simple ou biparti. Fruit en général capsulaire, à déhiscence septifrage, contenant des graines à albumen muci

Fig. 219. — *Exogonium purga*, rameaux fleuris.

lagineux et à embryon courbe avec de larges cotylédons
minces et chiffonnés.

Les Convolvulacées habitent, pour la plupart, entre les tropiques, deviennent rares dans les régions tempérées, et disparaissent complètement lorsque le climat devient très-froid.
Outre les espèces ornementales comme le Volubilis (*Pharbitis purpurea*), cette famille contient des espèces intéressantes pour la médecine, ce sont les Jalaps (*Convolvulus
jalapa, Exogonium purga* (fig. 219) de l’Amérique équato

riale, et *Convolvulus scamonia*, (de l'Asie centrale). Ces plantes à suc laiteux et à racines tuberculeuses, fournissent des résines douées d'une action purgative énergique. Le genre américain *Batatas* possède des rhizômes féculents employés comme aliment, de la même façon que la Pomme de terre.

126. — Le genre *Cuscuta* (fig. 220) se rapproche par beaucoup de ses caractères des Convolvulacées, auxquelles il a été rapporté longtemps; il en diffère par la teinte jaunâtre de ses tiges grêles et dépourvues de feuilles, en sorte qu'il est aux Convolvulacées ce que les Orobanchées sont aux Scrofularinées. Toutes les plantes qui le composent sont en effet parasites; leurs tiges très grêles se fixent par des racines adventives transformées en suçoirs, sur le Trèfle, la Luzerne, le Lin, le Houblon et d'autres plantes cultivées qu'elles épuisent rapidement, causant ainsi de grands dommages à l'agriculture.

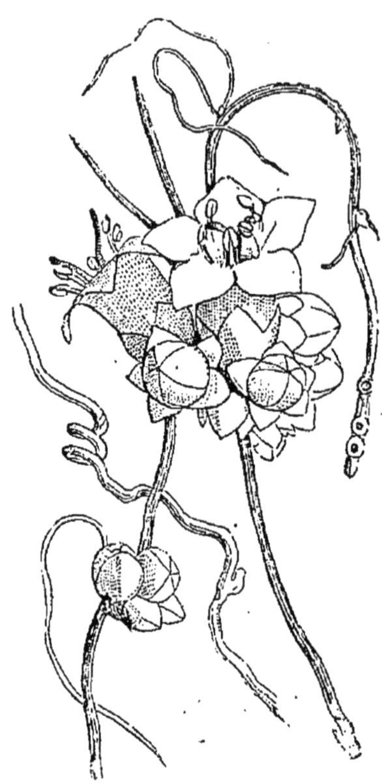

Fig. 220. — Cuscute.

Par l'intermédiaire des Gentianées, les Convolvulacées se lient aux familles des Asclépiadées et des Apocynées, dont la dernière surtout a une grande importance à cause des espèces remarquablement vénéneuses qu'elle contient.

3. — Apocynées

127. — Herbes ou arbrisseaux à feuilles opposées, simples, entières. Fleurs hermaphrodites, régulières, en corymbe ou en panicule. Calice libre, à cinq sépales plus ou moins soudés entre eux. Corolle hypogyne, gamopétale, de forme variable,

à préfloraison tordue, à limbe présentant cinq lobes. Étamines insérées sur le tube de la corolle; anthères à déhiscence longitudinale. Ovaire unique, formé de deux carpelles ordinairement biloculaires, les loges contenant de nombreux ovules anatropes. Style unique; stigmate entier ou bifide. Fruit généralement capsulaire. Graines nombreuses (fig. 222), à albumen cartilagineux entourant un embryon droit.

Fig. 221. — Pervenche (*Vinca major*).

Cette famille se subdivise en deux sous-familles :

I.—APOCYNÉES VRAIES. — Plantes à suc souvent laiteux, à feuilles sans stipules.

Elles habitent principalement la zone intertropicale. Quelques espèces donnent un lait qui peut être employé comme aliment, d'autres sont à peu près inoffensives comme la Pervenche (fig. 221), mais le plus grand nombre est franchement vénéneux comme le Laurier-rose (*Nerium oleander*) et surtout les *Cerbera*, le *Tanghinia*, etc.

II. — STRYCHNÉES. — Tiges ligneuses à suc aqueux; feuilles stipulées.

Le genre Strychnos contient plusieurs espèces très-vénéneuses. On importe du Brésil la Noix vomique, graine du Strychnos nux-vomica, et l'écorce de fausse-Angusture provenant de la même plante, contenant l'une et l'autre la Strychnine un des plus violents poisons du règne végétal. C'est surtout avec ces plantes que les Indiens préparent le curare dont ils se servent pour empoisonner leurs armes, et qui, importé depuis quelques années, est devenu un agent précieux dans les expériences des physiologistes.

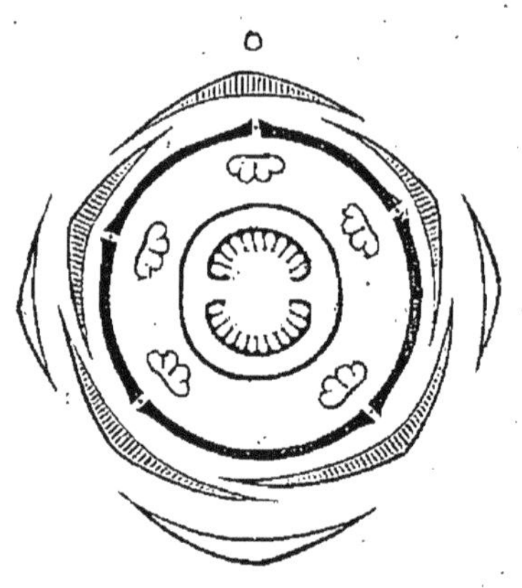

Fig. 222. — Diagramme de *Strychnos*.

Les Asclépiadées, représentées chez nous par le *Vincetoxicum* et quelques *Asclepias* cultivés comme plantes d'ornement, sont remarquables par leurs anthères soudées entre elles, et leur pollen agglutiné en masse cireuse.

4. — Solanées

128. — Plantes herbacées ou ligneuses. Feuilles alternes, les supérieures souvent rapprochées deux par deux, simples, sans stipules. Fleurs hermaphrodites, solitaires ou en cime, mais habituellement extra-axillaires; calice gamosépale à cinq divisions, persistant, quelquefois même accrescent (*Physalis alkekengi*); corolle hypogyne gamopétale, habituellement régulière, rotacée, campanulée ou infundibuliforme, à cinq divisions alternes avec celles du calice (fig. 223); cinq étamines insérées sur le tube de la corolle et alternes avec ses divisions; anthères à déhiscence longitudinale ou apicale (*Solanum*). Ovaire unique, à deux loges, l'une antérieure, l'autre postérieure, contenant un grand nombre d'ovules

campylotropes insérés sur des placentas qui occupent le milieu de la cloison. Style terminal, simple; stigmate arrondi. Fruit variable; graines albuminées; embryon arqué.

Les Solanées habitent, pour la plupart, des régions chaudes; leurs espèces sont fort nombreuses et plusieurs d'entre elles ont des usages importants. On peut les diviser en quatre tribus d'après la forme du fruit.

TRIBU 1. — NICOTIANÉES. — Capsule biloculaire, à valves septicides.

Le principal genre est le genre *Nicotiana*, originaire de l'Amérique intertropicale, et dont les feuilles sont employées à la fabrication du tabac. Ce sont surtout les espèces *N. tabacum* et *rustica*, lesquelles offrent d'ailleurs plusieurs variétés, qui sont cultivées pour cet usage. On sait que ce végétal fut introduit en Europe vers 1520, et popularisé

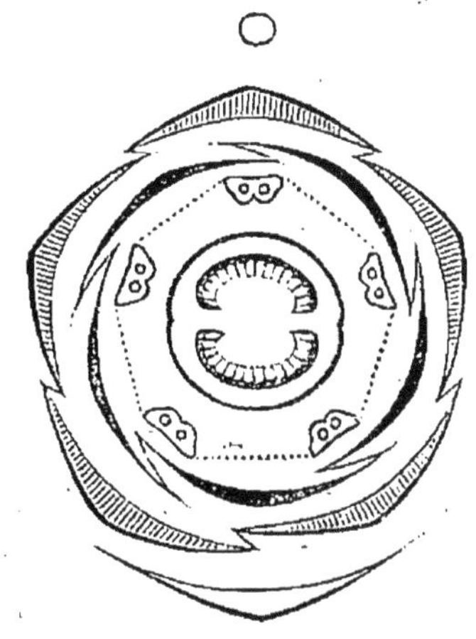

Fig. 223. — Diagramme d'une fleur de *Solanum*.

en France par Jean Nicot. Son usage, considérablement développé depuis, en a fait une plante de première importance. Les feuilles contiennent une substance nommée *nicotine* qui est un des poisons les plus redoutables que l'on connaisse.

TRIBU 2. — DATURÉES. — Capsule à loges subdivisées par des fausses cloisons, de manière à paraître quadriloculaire.

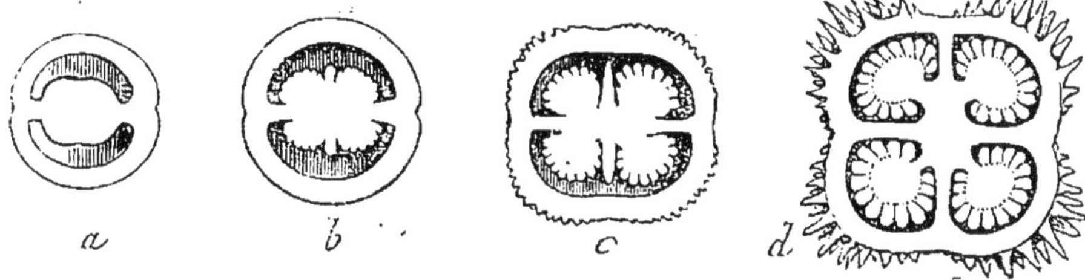

Fig. 224. — *Datura stramonium*. États successifs de l'ovaire.

Le *Datura stramonium* est le type de cette tribu. La figure ci-jointe montre comment se développent les fausses cloisons nées du milieu des placentas et qui divisent chaque loge en deux parties. Le fruit couvert d'épines s'ouvre par la séparation de quatre valves entre lesquelles demeurent les cloisons et les placentas. Toutes les parties de la plante, mais surtout les graines, sont narcotiques.

TRIBU 3. — HYOSCYAMÉES. — Capsule biloculaire, s'ouvrant en pyxide.

La Jusquiame (*Hyoscyamus niger*) (fig. 225, 226, 227) à fleurs légèrement irrégulières est le type de la tribu. Elle jouit de propriétés narcotiques utilisées en médecine.

TRIBU 4. — SOLANÉES VRAIES. — Le fruit est une baie.

Cette tribu contient quelques espèces très narcotiques, notamment la Belladone (*Atropa belladona*) (fig. 228), dont le principe actif, l'*atropine*, a la propriété de faire dilater fortement la pupille.

Beaucoup d'autres espèces, notamment celles du genre *Solanum*, reconnaissable à ses anthères qui s'ouvrent par un trou rond

Fig. 225. — Jusquiame (*Hyoscyamus niger*).

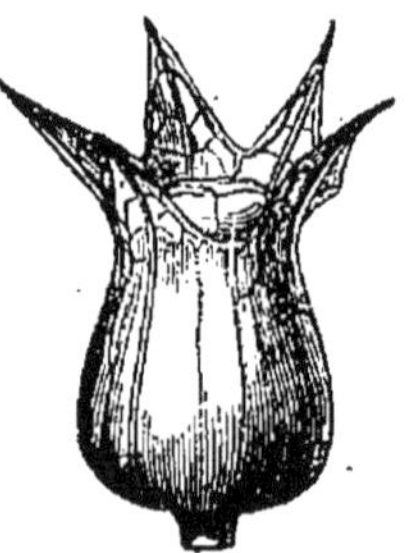

Fig. 226. — Fruit de Jusquiame entouré du calice.

Fig. 227. — Le même ouvert.

situé au sommet, sont au contraire comestibles. Dans les *S. melongena* (Aubergine) et *S. lycopersicum* (To-

mate) on mange les fruits. Le *S. tuberosum* nous fournit la
pomme de terre; ce tubercule est **un rameau souterrain dont
le** parenchyme s'est considérablement développé et s'est
chargé d'amidon. Les autres parties de la même plante sont

Fig. 228. — Belladone (*Atropa belladona*), plante entière.

d'ailleurs vénéneuses et narcotiques comme toutes les plantes
de la famille.

On pourrait mentionner ici le genre *Verbascum* (Bouillon-
blanc), qui forme comme un passage entre les Solanées et la
famille suivante.

5. — Scrofularinées

129. — Herbes ou arbustes à feuilles alternes ou opposées, simples, sans stipules. Fleurs hermaphrodites, plus ou moins irrégulières; inflorescence en grappe ou en épi. Calice persistant à quatre ou cinq sépales. Corolle hypogyne, gamopétale, irrégulière à cinq divisions (fig. 229), rarement à quatre (Véronique, fig. 230). Étamines insérées sur le tube de la corolle, alternes avec les pétales, mais en nombre moindre que ceux-ci. Ovaire unique formé de deux loges, l'une antérieure, l'autre postérieure, contenant un grand nombre d'ovules anatropes insérés sur des placentas qui occupent le milieu de la cloison.

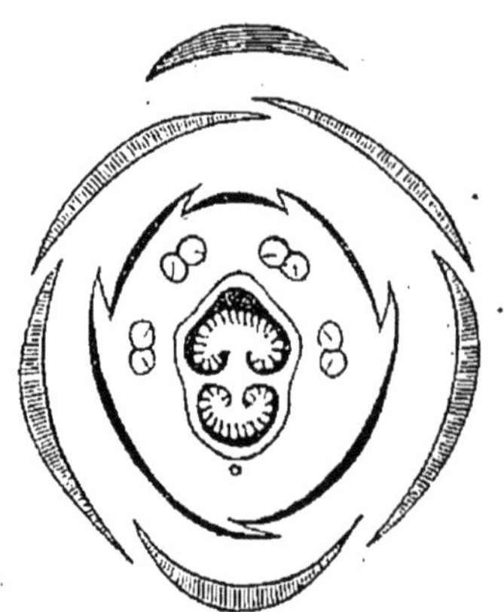

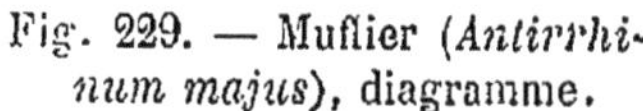

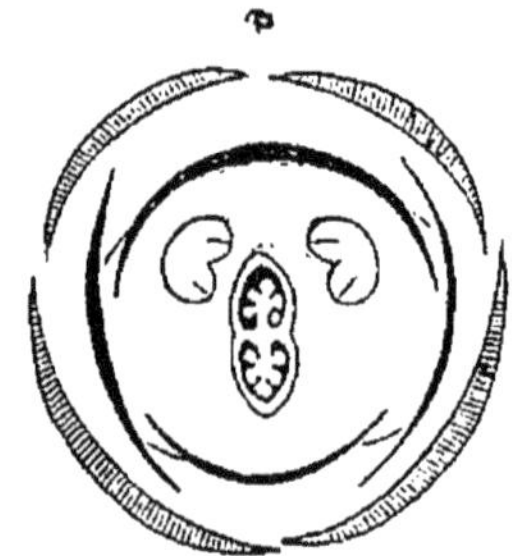

Fig. 229. — Muflier (*Antirrhi-num majus*), diagramme.　　Fig. 230. — Véronique, diagramme.

Style simple, terminal; stigmate souvent bilobé. Fruit capsulaire s'ouvrant tantôt en deux valves, tantôt par deux ou trois orifices voisins du sommet. Graines petites, contenant un embryon droit entouré d'un albumen charnu.

Tribu 1.—Antirrhinées.—La corolle a toujours un tube assez long, souvent bossu à la partie antérieure de sa base (Muflier) ou prolongé, en ce même point, en un éperon aigu (Linaire). Les lobes au nombre de cinq qui couronnent le tube sont disposés en deux lèvres, la postérieure bilobée, l'antérieure trilobée. Dans le bouton, la lèvre supérieure recouvre la lèvre inférieure. Les étamines au nombre de quatre seulement, par suite de l'avortement constant de l'étamine postérieure, sont didynames, les deux antérieures étant plus longues que les deux postérieures.

La plupart de ces plantes sont cultivées comme plantes d'ornement (*Antirrhinum, Pawlonia, Mimulus, Calceolaria*).

TRIBU 2. — RHINANTHÉES. — La corolle se distingue de celle de la tribu précédente parce que les lobes sont autrement disposés dans le bouton ; ce sont toujours les lobes latéraux et jamais les postérieurs qui recouvrent les autres.

La Digitale (*Digitalis purpurea*) (fig. 231), qui se distingue par sa corolle tubuleuse largement ouverte au sommet, contient dans ses feuilles un principe actif employé en médecine contre les troubles de la circulation. Les Véroniques n'ont que quatre pétales soudés par leur base, mais ne formant pas un tube, et les étamines se réduisent à deux par l'avortement des deux antérieures. Les *Rhinanthus, Melampyrum*, etc., sont parasites sur les racines des graminées ; ce mode d'existence les rapproche des Orobanches qui leur

Fig. 231. — Digitale, sommité fleurie.

ressemblent d'ailleurs par la forme de la corolle et les étamines didynames, mais en diffèrent assez par leur ovaire uniloculaire à placentation pariétale, pour constituer une famille particulière.

Les Orobanchées sont d'ailleurs plus remarquables encore par la coloration brunâtre de toute la plante, due à l'absence de chlorophylle, et par la petitesse de leurs feuilles réduites à l'état d'écailles. Ces caractères proviennent de ce que les Orobanches, étant essentiellement parasites, n'ont pas besoin des organes d'assimilation qui permettent aux végétaux ordinaires d'emprunter à l'air leur carbone.

6. — Labiées

130. — Tige herbacée, souvent sous-ligneuse et presque toujours carrée. Feuilles opposées, non stipulées, odorantes. Fleurs hermaphrodites, irrégulières, groupées en cime à l'aisselle des feuilles ou bractées et formant ainsi des faux verticilles le long de la tige. Calice persistant, gamosépale, tantôt à cinq divisions presque égales (fig. 232), tantôt bila-

Fig. 232. — Diagramme d'une fleur de *Lamium*.

Fig. 233. — Menthe (*Mentha*), fleur vue de côté.

Fig. 234. -- Germandrée (*Teucrium*), fleur vue de côté.

bié, la lèvre supérieure représentant trois sépales et la lèvre inférieure deux. Corolle gamopétale, hypogyne, formée d'un tube droit ou coudé à la base, et d'un limbe à cinq divisions alternes avec celles du calice ; en général bilabiée, la lèvre supérieure représentant deux pétales et la lèvre inférieure trois ; la lèvre supérieure, bombée en forme de casque, recouvre dans le bouton la lèvre inférieure ; quelquefois la lèvre supérieure reste très-courte et la fleur paraît n'avoir qu'une seule lèvre (*Ajuga, Teucrium*) (fig. 234) ; d'autres fois la fleur devient presque régulière et s'évase en entonnoir (*Mentha*) (fig. 233). Quatre étamines didynames, l'étamine postérieure ayant avorté, ou seulement deux (*Salvia, Rosmarinus*). Ovaire unique composé de deux carpelles biovulés et situés l'un en avant, l'autre en arrière ; l'ovaire paraît formé de quatre corps distincts parce que chacune de ses deux loges a été subdivisée par une fausse cloison. Style unique naissant de la base des loges ; stigmate généralement bifide. Le fruit se sépare en quatre parties ou *nucules*, dont chacune comprend un péricarpe sec et une graine sans albumen, à embryon droit ; ces nucules ne sont chacune que la moitié d'un carpelle.

Les Labiées forment une famille très naturelle, à espèces nombreuses répandues surtout dans les régions tempérées chaudes de l'ancien continent. Le bassin de la Méditerranée est leur véritable patrie. Elles sont recherchées à cause de leur odeur, qui est due à une huile essentielle sécrétée par des poils granduleux existant sur la tige, la feuille ou le calice. Les espèces les plus connues sous ce rapport sont la Menthe poivrée, le Thym, le Serpolet, la Mélisse, la Lavande, le Romarin, le Patchouli. D'autres contiennent surtout un principe amer et jouissent de propriétés toniques, telles sont la Germandrée, le Lierre terrestre et la Sauge.

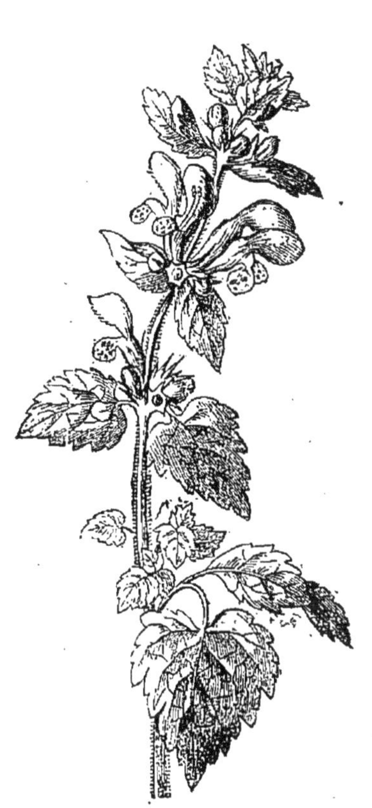

Fig. 235. — *Lamium*, sommité fleurie.

Les Sauges sont remarquables par la forme de leurs étamines dont l'anthère ne possède qu'une seule loge fertile disposée à l'extrémité d'un long connectif mobile, sur le sommet du fil, comme un fléau de balance (fig. 236). Lorsque la fleur vient de s'ouvrir, l'anthère est déjà mûre, mais le stigmate n'est pas encore développé. Les insectes qui pénètrent dans la fleur pour puiser le nectar qu'elle contient s'appuient sur la loge stérile et font basculer le connectif de manière que la loge fertile vienne déposer son pollen sur le dos de l'insecte ; celui-ci, allant visiter une fleur

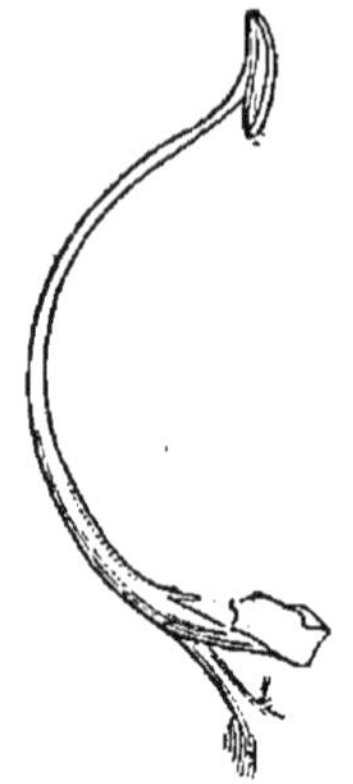

Fig. 236. — Sauge, étamine.

un peu plus âgée dont le style est plus long, se place de façon à mettre en contact, avec le stigmate de la seconde fleur, le pollen emprunté à la première. Ceci est encore un exemple de fécondation croisée.

7. — Borraginées

131. — Herbes ou arbrisseaux ordinairement hérissés de poils raides. Feuilles alternes, simples, entières, non stipulées. Fleurs hermaphrodites, régulières, disposées généralement en cime unipare scorpioïde. Calice persistant, gamosépale, à cinq divisions. Corolle hypogyne, gamopétale, régulière, tubuleuse ou rotacée ; limbe à cinq divisions ; gorge tantôt nue, tantôt munie de poils ou d'écailles. Cinq étamines insérées sur la corolle, alternes avec ses divisions. Ovaire formé de deux carpelles, l'un antérieur, l'autre postérieur, à loges subdivisées, par une fausse cloison, en deux logettes ; style simple, inséré entre les bases des loges. Fruit se séparant en quatre parties ou nucules, dont chacune comprend un péricarpe sec et une graine sans albumen, à embryon droit.

Les Borraginées habitent les contrées tempérées du globe et surtout la région méditerranéenne.

Quelques-unes d'entre elles (*Cynoglossum, Symphytum, Pulmonaria, Borrago*) sont employées en médecine sans avoir de propriétés bien caractérisées. D'autres sont cultivées comme plantes d'ornement; l'*Heliotropium peruvianum* l'est à cause du parfum suave de ses fleurs.

132. — Si l'on compare entre elles les quatre familles des Solanées, Scrofularinées, Labiées et Borraginées, qui toutes ont des fleurs gamopétales, hypogynes, à carpelles moins nombreux que les pétales, on voit que les deux premières se ressemblent par l'organisation du pistil; il en est de même pour les deux dernières. Si, au contraire, on tient compte de la corolle et des étamines, on sera tenté de rapprocher la première de la quatrième, et la seconde de la troisième. Cet exemple montre qu'en disposant les familles en une série, ce que l'on est obligé de faire dans un cours, on viole forcément quelques-unes des affinités qui les relient les unes aux autres. Il serait d'ailleurs encore plus concluant, si, aux familles qui précèdent, on ajoutait des familles moins importantes ou complètement étrangères à l'Europe, que nous n'avons pas le temps d'examiner dans ce cours élémentaire, et qui viendraient encore compliquer les relations entre les membres de ce groupe.

8. — Rubiacées

133. — Herbes à tige ordinairement carrée et articulée aux nœuds, ou arbrisseaux et même arbres. Feuilles opposées, simples, généralement entières, stipulées, et, dans les espèces herbacées, simulant des verticilles, bien qu'il n'existe que deux bourgeons. Fleurs ordinairement hermaphrodites, disposées en cime ou en panicule. Calice à tube soudé avec l'ovaire, à limbe tantôt plus ou moins développé, tantôt complètement effacé. Corolle épigyne, gamopétale, infundibuliforme ou rotacée; limbe à quatre, cinq ou six divisions ordinairement égales, alternes avec les divisions du calice. Étamines en nombre égal aux pièces de la corolle, alternes

avec celles-ci (fig. 237 et 238). Ovaire infère, bi ou plurilocu
laire ; style simple ; stigmates en nombre égal à celui des loges. Fruit variable ; graines formées d'un albumen charnu
ou corné, entourant un embryon droit ou courbe.

Cette famille, riche en espèces intéressantes, se subdivise
en deux tribus :

Tribu 1. — Cofféacées. — Ovaire à loges contenant un
ou deux ovules.

Cette tribu est représentée en France par les *Galium*
et la Garance (*Rubia tinctorum*), plantes herbacées à tige
grêle, renflée aux nœuds qui portent chacun un faux ver-

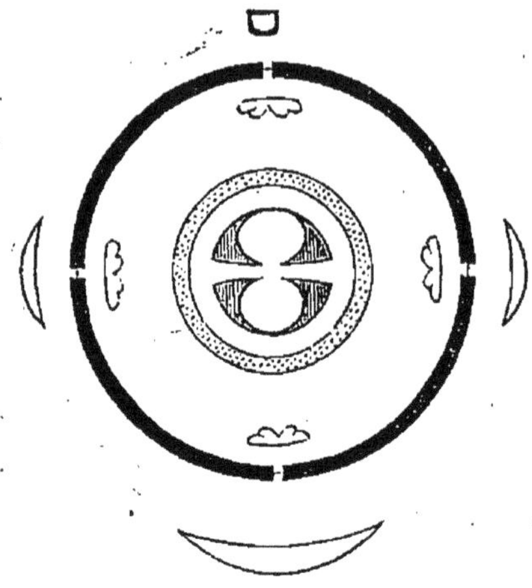

Fig. 237. — Garance (*Rubia tinctorum*),
diagramme.

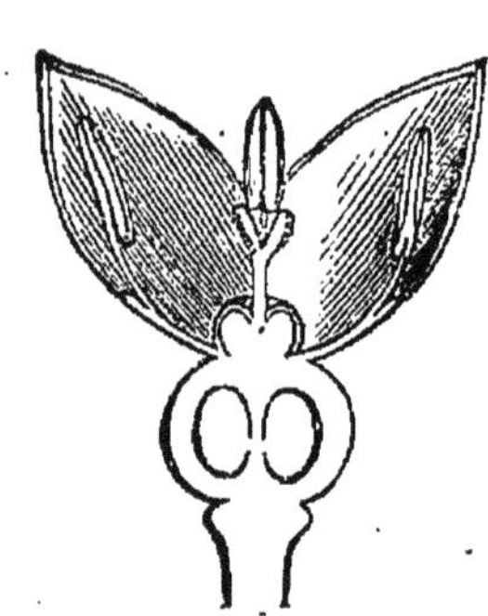

Fig. 238. — Garance, fleur
coupée en long.

ticille composé de deux feuilles et de deux ou plusieurs
pièces semblables aux feuilles, mais représentant des stipules. Les angles de la tige et la surface du fruit sont couverts de poils raides. La racine de la Garance contient une
matière colorante d'un beau rouge, *l'alizarine*, qui est très
employée en teinture. Aussi la culture de la Garance avait-
elle une grande importance avant que l'on ait trouvé le
moyen de produire artificiellement l'alizarine.

Le Caféier (*Coffea arabica*), arbuste originaire de l'Abyssinie, mais cultivé aujourd'hui aux Antilles, au Brésil et dans
les îles de l'Océan indien, est précieux par sa graine qui contient la *caféine*, excitant énergique du système nerveux. Le
Caféier peut atteindre cinq à six mètres de haut ; ses feuilles
opposées sont simples, entières, un peu coriaces ; les fleurs

blanches et odorantes sont groupées à l'aisselle des feuilles supérieures (fig. 239). Le fruit a la grosseur d'une petite cerise ; dans sa chair dure et peu épaisse, on trouve deux graines que l'on fait sécher avant de les employer.

Le genre *Cephælis*, de la même tribu, habite les forêts humides du Brésil. Les racines du *C. ipecacuanha* sont importées en Europe pour être employées en médecine comme vomitif.

Fig. 239. — Caféier (*Coffea arabica*), rameau portant des fleurs et des fruits.

TRIBU 2. — CINCHONÉES. — Ovaire à loges multiovulées.

L'espèce la plus importante de cette tribu est le *Cinchona calisaya*, arbre élevé, à feuilles opposées, lancéolées ; les corolles sont formées d'un tube, long et étroit, terminé par un limbe à cinq lobes rosés et bordés de poils blancs. Les graines sont entourées d'une aile membraneuse frangée sur le bord. Plusieurs autres espèces du même genre, vivant comme la précédente sur les flancs de la Cordillière des Andes, en Bolivie et au Pérou, fournissent comme elle une écorce médicinale nommée *quinquina*, dont l'usage, dans la médecine européenne, remonte au commencement du XVII° siècle, et prend tous les jours plus d'importance. Les écorces de quinquina contiennent, comme principe actif de première importance, la *quinine*, le plus sûr des médicaments employés contre les fièvres intermittentes. On trouve, en outre, dans la même drogue, de la *cinchonine* et différents principes dont l'action est surtout tonique. La valeur d'un quinquina dépend surtout de sa richesse en quinine, et le commerce distingue un très-grand nombre de sortes différentes dans les quinquinas importés d'Amérique.

Le procédé d'exploitation suivi par les Américains consiste à abattre l'arbre, qui est ensuite dépouillé de son écorce. Comme on ne prend aucun soin de remplacer les arbres ainsi détruits, il n'est pas surprenant que les forêts à quinquinas s'épuisent progressivement. Aussi, les Anglais et les Hollandais ont-ils cherché à introduire la culture de cette précieuse plante dans leurs possessions de l'Asie tropicale. Ils sont arrivés, dans l'Inde et à Java, à obtenir des plantations considérables de *Cinchona*, que l'on exploite régulièrement sans détruire les arbres. Pour cela, on n'enlève, chaque année, que des bandes d'écorce représentant la moitié de la surface du tronc. Les plaies ainsi produites sont recouvertes de mousse sous laquelle l'écorce peut se reformer.

9. — Caprifoliacées

134. — Plantes à tige ligneuse, rarement herbacée. Feuilles opposées, sans stipules. Fleurs hermaphrodites, quelquefois mélangées de fleurs stériles plus grandes, régulières ou irrégulières, groupées en inflorescence généralement définie. Calice soudé avec l'ovaire dans sa partie tubuleuse, à limbe peu développé, à cinq dents. Corolle épigyne gamopétale, tubuleuse ou rotacée, limbe à cinq lobes réguliers (Sureau) ou irréguliers (Chèvrefeuille). Étamines, cinq, insérées sur le tube de la corolle, alternes avec ses lobes (fig. 240 et 241). Ovaire infère ayant de deux à cinq loges avec des ovules ana-

tropes, solitaires ou nombreux. Graine comprenant un albumen charnu qui entoure un embryon droit.

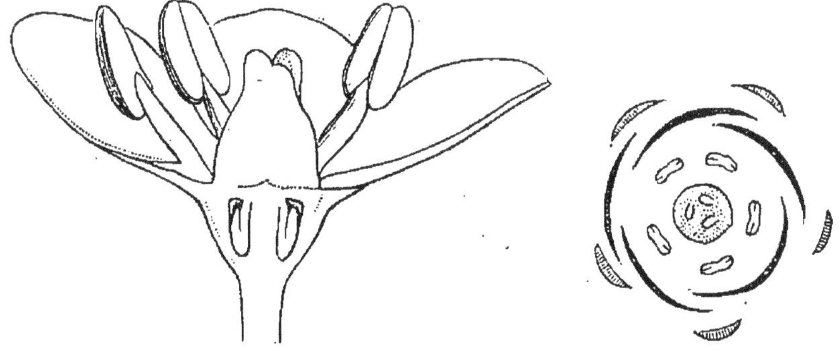

Fig. 240. — Sureau. Coupe verticale de la fleur.   Fig. 241.— Sureau, diagramme.

TRIBU 1. — LONICÉRÉES. — Style filiforme. Le fruit est
une baie à plusieurs graines.

Fig. 242. — Chèvrefeuille (*Lonicera caprifolium*), rameau fleuri.

TRIBU 2. — SAMBUCÉES. — Style nul. Trois stigmates. Le
fruit est une drupe.

Les Caprifoliacées habitent les régions tempérées de l'hémisphère boréal, surtout le centre de l'Asie, le nord de l'Inde et de l'Amérique. Les espèces de cette famille ne sont guère employées que comme plantes d'ornement. On connaît sous ce rapport le Chèvrefeuille (*Lonicera caprifolium*) (fig. 242), le *Leicesteria*, le *Weigelia* et le *Symphoricarpos*, très-souvent cultivés dans les jardins. Les fruits du Sureau (*Sambucus nigra*) et de l'Hièble (*S. ebulus*), ainsi que leurs fleurs, sont quelquefois employés dans la médecine populaire.

10. — Cucurbitacées

135.—Herbes annuelles ou vivaces, à tige grimpante. Feuilles alternes, pétiolées, palmatinerviées et palmatilobées. Au

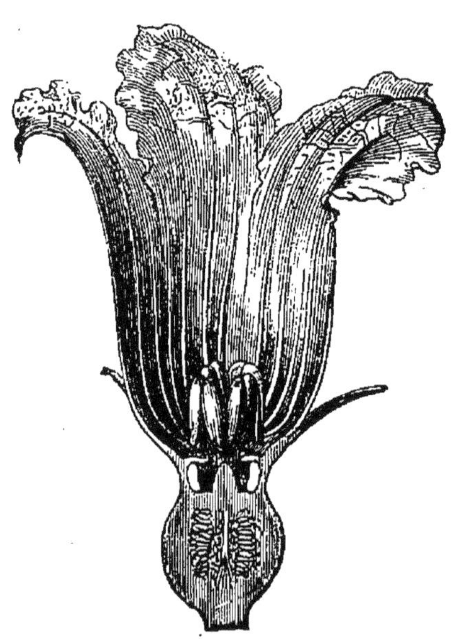

Fig. 243. — Potiron (*Cucurbita maxima*),
fleur femelle coupée en long.

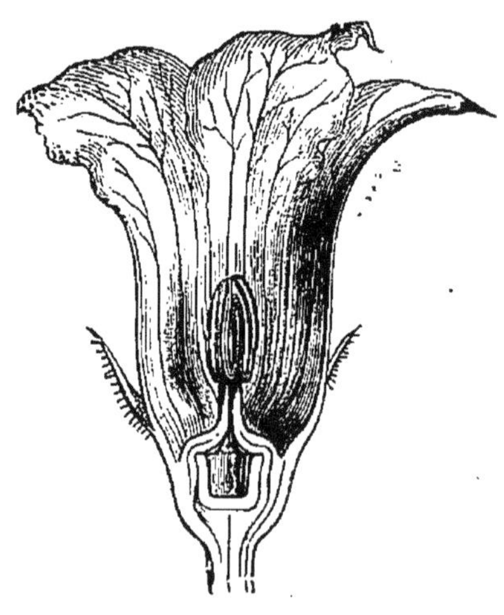

Fig. 244. — Fleur mâle coupée
en long.

niveau de l'insertion des feuilles normales, on trouve, à côté des groupes de fleurs, les *vrilles* qui sont des feuilles transformées en organes de préhension et servent à accrocher la plante à ses supports. Fleurs monoïques ou dioïques, soli-

-laires ou en grappes. Calice campanulé, à cinq dents. Corolle gamopétale, à cinq lobes alternant avec ceux du calice et insérés sur le tube du calice, souvent même soudés avec celui-ci comme si la fleur n'avait qu'une enveloppe (fig. 243 et 244). Étamines trois, dont deux normales à anthères biloculaires, la troisième à anthère uniloculaire représentant seulement une demi-étamine, ou cinq. Ovaire infère. Trois à cinq carpelles à placentas pariétaux se réfléchissant vers la circonférence. Ovules nombreux, anatropes. Style court à stigmates épais. Le fruit est une baie charnue généralement indéhiscente, quelquefois s'ouvrant avec élasticité (*Ecbalium*). Graines à tégument épais, sans albumen, à embryon droit, à cotylédons foliacés.

Les Cucurbitacées sont des plantes des régions tropicales; elles sont rares dans les régions tempérées et manquent complètement dans les climats froids. Un assez grand nombre d'entre elles sont comestibles (Citrouille, Melon, Pastèque), tandis que d'autres sont vénéneuses (Bryone, Coloquinte, etc.). On emploie quelquefois contre le ver solitaire les semences de Citrouille.

11. — Campanulacées

136.—Plantes herbacées, annuelles ou vivaces, quelquefois volubiles, ordinairement laiteuses. Feuilles alternes, simples, non stipulées. Fleurs hermaphrodites, diversement groupées, en grappe ou en épi. Calice confondu avec l'ovaire par sa partie tubuleuse, à limbe présentant habituellement cinq divisions, persistant. Corolle épigyne, gamopétale, régulière, campanulée, infundibuliforme (Campanulées) ou irrégulière bilabiée (Lobéliées) (fig. 245, 246). Étamines alternes avec les lobes de la corolle, anthères plus ou moins cohérentes en tube. Ovaire à deux ou plusieurs loges contenant des ovules nombreux à placentation axile. Style unique; stigmate plus ou moins velu. Fruit variable. Graines albuminées, à embryon droit.

TRIBU 1. — CAMPANULÉES. — Corolle régulière. Fruit généralement capsulaire s'ouvrant, soit par des fentes longitudinales, soit par des pores.

Quelques-unes ont des racines comestibles comme la *Campanula rapunculus*. Elles sont répandues dans les régions tempérées de l'ancien continent.

Fig. 245. — Campanule, diagramme.

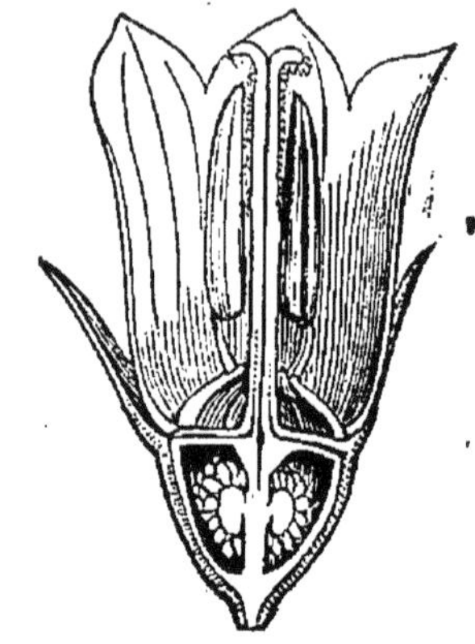

Fig. 246. — La même, fleur coupée en long.

TRIBU 2. — LOBÉLIÉES. — Corolle irrégulière. Fruit souvent charnu. Elles contiennent un lait ayant des principes âcres qui les font employer quelquefois en médecine. Elles sont surtout répandues dans les contrées chaudes des deux continents.

12. — Composées

137. — Plantes généralement vivaces, la plupart herbacées, quelques-unes sous-ligneuses, un petit nombre arborescentes. Feuilles ordinairement alternes, sans stipules, souvent très découpées, quoique rarement composées. Fleurs réunies en capitule. C'est de cette disposition qu'est tiré le nom de composées. Les capitules eux-mêmes se comportent comme des fleurs et peuvent être tantôt solitaires (*Arnica*), tantôt groupés en inflorescences variées : grappe (*Artemisia*),

corymbe (*Achillea*) ou tête globuleuse (capitules uniflores
des *Echinops*.) Le réceptacle, tantôt plan, tantôt concave ou
convexe, peut être muni de paillettes situées à la base de chacune des fleurs et représentant des bractées, ou nu, soit lisse,
soit creusé de petites fossettes à bords entiers ou déchiquetés.
Sur son bord et sa surface extérieure le réceptacle porte
d'autres bractées dont l'ensemble constitue l'involucre ou
péricline. Ces folioles de l'involucre peuvent être disposées
sur une (*Tragopogon*) ou plusieurs (Artichaut) séries ; elles
sont en général libres, plus rarement soudées, et varient

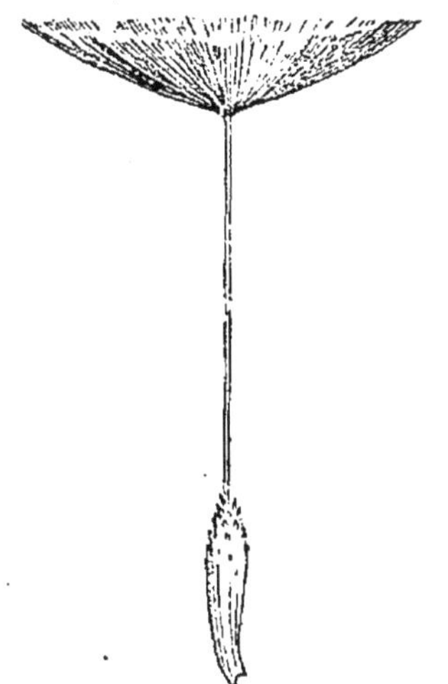

Fig. 247. — Pissenlit, fruit à
aigrette pédicellée.

Fig. 248. — Salsifis, fruit
à aigrette plumeuse.

encore beaucoup par leur consistance herbacée (Marguerite),
membraneuse (*Catananche cærulea*), ou épineuse (Chardon).
Les fleurs peuvent être hermaphrodites, mâles, femelles ou
neutres. On remarque que dans un même capitule, où ces
différentes sortes de fleurs existent simultanément, les fleurs
à étamines (hermaphrodites ou mâles) sont toujours les plus
centrales, tandis que les fleurs sans étamines (femelles ou
neutres) occupent toujours la circonférence. Chaque fleur se
compose d'un calice dont le tube se confond avec les parois
de l'ovaire, tandis que le limbe qui surmonte l'ovaire forme
rarement des paillettes membraneuses (*Bidens*), très souvent
une aigrette à poils simples (Pissenlit, fig. 247) ou plumeux
(Salsifis, fig. 248), ou bien enfin, manque complètement.

La corolle épigyne, gamopétale, presque toujours à cinq
dents, peut présenter trois formes : elle est régulière et tubuleuse dans les fleurs nommées des *fleurons* (fig. 249);
fendue et étalée, c'est-à-dire *ligulée*, dans les *demi-fleurons* (fig. 250), ou enfin *bilabiée* (fig. 251), l'une des lèvres
comprenant trois dents, l'autre deux. Les nervures sur le
tube de la corolle correspondent à l'intervalle entre deux
dents contiguës, et, sur les dents, suivent le bord et non pas
la ligne médiane de chaque lobe. Étamines en nombre égal

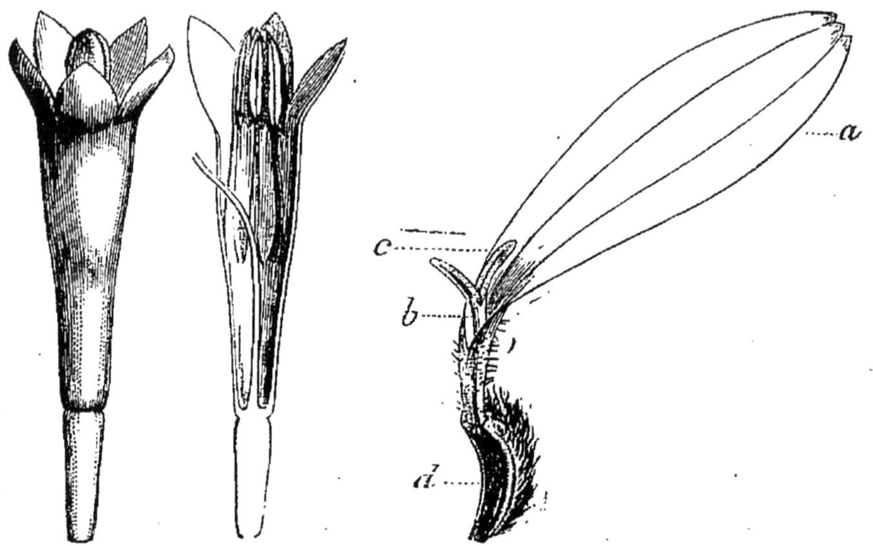

Fig. 249.—Fleuron entier et coupé   Fig. 250. — Demi-fleuron; *a* limbe
longitudinalement.   de la corolle; *b* style; *c* stigmate; *d* ovaire.

à celui des dents, insérées par leur filet sur le tube de la
corolle et alternes avec les dents; elles sont soudées seulement par leurs anthères (d'où le nom de *Synanthérées* souvent donné à la famille). Les anthères biloculaires, souvent
prolongées par un appendice situé à leur sommet, ou par
deux filaments situés à la base, s'ouvrent longitudinalement
vers le centre de la fleur. Ovaire infère, uniloculaire, uniovulé; ovule dressé, anatrope; style unique, filiforme, indivis
et sans stigmate dans les fleurs mâles, bifide dans les fleurs
femelles et hermaphrodites où les stigmates occupent les
faces internes des deux lobes du style. Le style porte sou-

vent, en outre, des poils raides, soit au sommet des branches stigmatiques, soit au-dessous de leur bifurcation. Fruit, akène à graine sans albumen, contenant un embryon droit.

La famille des Composées, de beaucoup la plus nombreuse du règne végétal, car on estime qu'elle contient à elle seule le dixième de toutes les plantes phanérogames connues, est répandue sur toute la surface de la terre. Les régions tempérées chaudes sont celles où elle compte le plus d'espèces ; le nombre va en diminuant, d'une part vers l'équateur, de l'autre vers les pôles. Le nouveau monde en contient encore plus que l'ancien.

A cause du grand nombre des espèces qu'elle renferme, il est absolument nécessaire de la subdiviser en plusieurs parties. Tournefort s'était borné à tenir compte de la forme des corolles : les *Flosculeuses* n'avaient que des fleurons, les *semi-flosculeuses* que des demi-fleurons, enfin les *Radiées* réunissaient les deux formes de corolle. Il ne tenait pas compte des espèces à corolles bilabiées qui sont toutes américaines. Linné, pour qui elle formait la sous-classe appelée *syngénésie polygamie*, la subdivisait d'après le mélange, dans un même capitule de fleurs hermaphrodites, mâles, femelles ou neutres. La *polygamie égale* contenait les plantes où toutes les fleurs du capitule sont hermaphrodites, comme les Chicorées. La *polygamie superflue* celles où les fleurs du disque sont hermaphrodites et celles de la circonférence femelles (*Aster, Anthemis*). La *polygamie frustranée* celles où les fleurs du centre sont hermaphrodites et celles de la circonférence neutres (*Helianthus, Coreopsis*).

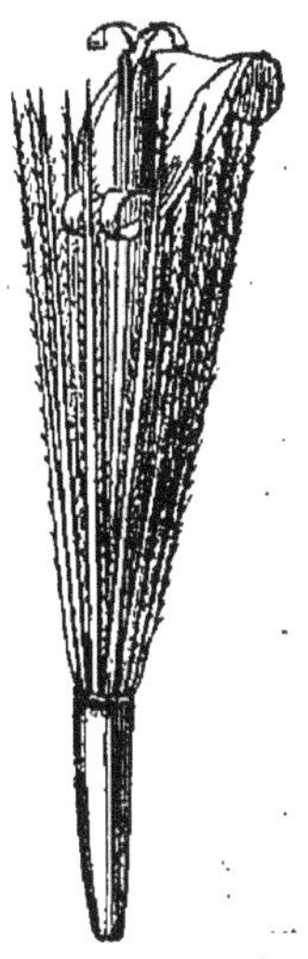

Fig. 251. — Nassauvia fleur à corolle bilabiée.

La *polygamie nécessaire* celles où les fleurs du centre sont mâles et celles de la circonférence femelles (*Calendula*). Les auteurs modernes adoptent en général une classification fondée à la fois sur la forme des corolles et sur la disposition des organes sexuels. La famille se subdivise en trois sous-familles :

1ʳᵉ SOUS-FAMILLE. — TUBULIFLORES. — Capitules tantôt flosculeux, tantôt radiés.

TRIBU 1. — CYNARÉES. — Capitules flosculeux. Style renflé

et garni de poils au-dessous de la bifurcation. Plantes à suc aqueux souvent riche en tannin.

Les genres principaux sont les Chardons, les Centaurées, les Echinops. Comme espèces comestibles on peut citer l'Artichaut (*Cynara scolimus*) et le Cardon. Le Carthame fournit une matière tinctoriale rose peu employée à cause de son manque de solidité.

Tribu 2. — Corymbifères. — Capitules radiés. Style non renflé au-dessous de la bifurcation. Plantes à suc aqueux, et souvent aromatiques à cause de l'huile essentielle qu'elles contiennent dans des canaux sécréteurs creusés au milieu du tissu de la tige et de la feuille.

Ce groupe extrêmement nombreux nous fournit des plantes alimentaires comme le Topinambour (*Helianthus tuberosus*), dont les racines tuberculeuses se mangent à la façon des pommes de terre; des plantes industrielles comme le *Madia sativa*, dont les graines fournissent de l'huile; de nombreuses plantes médicinales : *Arnica*, *Artemisia*, *Santolina*, *Chamomilla*, etc., et surtout un très grand nombre de plantes d'ornement telles que les *Dahlia*, *Aster*, *Rhodanthe*, *Coreopsis*, etc.

2ᵉ Sous-famille. — Labiatiflores. — Corolle des fleurs hermaphrodites, bilabiée.

Ces plantes sont toutes américaines et n'ont pas assez d'importance pour nous arrêter plus longtemps.

3ᵉ Sous-famille. — Liguliflores ou Chicoracées. — Fleurs toutes hermaphrodites et ligulées. Plantes à suc laiteux contenu dans des vaisseaux particuliers.

Un grand nombre de genres fournissent des espèces alimentaires; dans les Laitue, Chicorée, Pissenlit, on mange la plante entière encore jeune; dans les Salsifis et Scorzonère, c'est la racine qui est comestible. Le suc laiteux passe pour être légèrement narcotique.

Dans cette famille des Composées, comme dans presque toutes les autres, la fécondation est le plus souvent croisée, c'est-à-dire que le pollen d'une fleur agit seulement sur les stigmates d'autres fleurs. En effet, lorsque la fleur s'ouvre, le pollen est déjà mûr et sorti des anthères, il remplit le tube que forment celles-ci. Le style encore très court et ayant ses branches stigmatiques appliquées l'une contre l'autre ne peut pas être fécondé. Bientôt le style s'allonge, soulevant et chassant hors de la fleur l'amas des grains de pollen; ceux-ci sont alors dispersés par le vent, ou plus souvent encore par les insectes qui se promènent sur le capitule, et amassés sur les stigmates de fleurs plus âgées. Ce n'est qu'un peu plus tard que les branches stigmatiques, complètement développées et étalées, pourront être à leur tour fécondées par le pollen d'une fleur plus jeune. Dans beaucoup de Cynarées, notamment dans les Centaurées, les filets des étamines se contractent brusquement si un insecte vient à les toucher peu de temps après l'ouverture de la fleur et avant l'allongement complet du style. Le pollen forme alors sur les poils du style un amas très-facile à disperser sans qu'aucun de ses grains puisse arriver sur le stigmate.

GÉOGRAPHIE BOTANIQUE

132. — On entend par géographie botanique l'étude de la distribution naturelle des végétaux sur la surface de la terre. En général, on ne tient pas compte dans cette étude des végétaux cultivés, qui, par les soins de l'homme, peuvent exister et se maintenir dans des pays plus ou moins éloignés de leur véritable patrie. Il y a deux choses à distinguer dans l'habitation d'une plante : la *station* et la *localité*.

La station dépend du tempérament de la plante et de ses exigences au point de vue de la nourriture qui lui est nécessaire ; certaines plantes ne prospèrent que dans des lieux très humides, ou même dans l'eau ; d'autres, au contraire, redoutent l'humidité, on ne les trouve que sur des terrains secs, élevés. L'influence de la lumière agit aussi sur le choix des stations. Les plantes qui exigent beaucoup de soleil vivent dans les terrains couverts de gazons peu élevés, tandis que l'on trouve, sous le couvert des forêts, d'autres espèces. Enfin la composition chimique de sol exerce aussi son action. C'est surtout la présence ou l'absence de la chaux qui paraît avoir de l'importance à ce point de vue, et l'on distingue : les plantes *calcicoles*, c'est-à-dire ne pouvant vivre que s'il y a de la chaux dans le sol ; les plantes *calcifuges*, qui, au contraire, ne se développent pas dans les terrains calcaires ; et les plantes *indifférentes*, que l'on rencontre en même proportion sur les terrains calcaires et sur les terrains exclusivement siliceux.

La localité qu'habite une plante s'entend plus spécialement au sens géographique. On désigne la localité d'une espèce en disant qu'elle se trouve en France ou au Canada ; on indiquerait sa station, en disant qu'elle aime les lieux frais et humides ou, au contraire, qu'elle se rencontre dans les champs calcaires.

133. — La distribution des plantes suivant les localités est en partie liée à leur tempérament, à leur organisation. Elles ne peuvent évidemment habiter que les points où elles trouvent réunies toutes les conditions physiques nécessaires à leur complet développement, mais nous verrons que cette condition n'est pas la seule dont il faille tenir compte, et qu'il arrive que telle espèce n'existe pas spontanément dans une contrée où elle trouverait cependant tous les éléments de la vie.

Parmi les conditions physiques, la température a une influence prépondérante ; on sait que la température moyenne d'un lieu dépend surtout de sa latitude et de son altitude au-dessus du niveau de la mer. Au niveau de la mer, plus un point est voisin de l'équateur, plus sa température moyenne est élevée, et, à une latitude quelconque, on constate que la température moyenne s'abaisse au fur et à mesure que l'on s'élève. Toutefois, d'autres circonstances, telles que la forme des continents, le voisinage de la mer, etc., enlèvent un peu de régularité à ces lois. On a reconnu que pour chaque espèce de plante, il existe une température annuelle moyenne, au-dessous de laquelle la plante ne saurait vivre. Mais, ce sont surtout les températures extrêmes de l'été et de l'hiver qui influent sur la distribution des plantes. Ainsi on voit, en Europe, le midi de l'Irlande et les bords du Rhin, entre Carlsruhe et Mayence, offrir la même moyenne annuelle de température (9°,5) et cependant la vigne fournit, sur les bords du Rhin, des vins estimés, tandis qu'elle ne mûrit jamais ses fruits, à l'air libre, en Irlande. Cette différence tient à ce que la vigne, capable de résister aux froids assez vifs des hivers du continent, exige les chaleurs de l'été qu'elle ne trouve pas dans le climat très égal et très doux de l'Irlande. Inversement on pourra cultiver dans ces climats doux, qui sont habituels sur les bords de la mer, les plantes qui craignent beaucoup le froid et qui n'exigent pas des étés chauds; le figuier, le myrte réussissent parfaitement en Bretagne, et fort peu en Lorraine. On voit donc que, au seul point de vue de la température, la question des climats offre déjà une certaine complication.

Mais, comme nous l'avons dit plus haut, il ne suffit pas qu'une contrée présente la température nécessaire à une certaine espèce pour que cette espèce s'y trouve à l'état spontané. Si l'on compare les *flores* de deux contrées choisies l'une dans l'ancien, l'autre dans le nouveau continent, de manière à offrir les plus grandes ressemblances de climat et de sol, on trouvera que la proportion des espèces communes à ces deux contrées est en général insignifiante. On ne peut, dans ce cas, attribuer la différence des *flores* à la différence des conditions physiques. On le peut d'autant moins qu'il est arrivé qu'une espèce, transportée accidentellement d'Amérique en Europe, s'est implantée dans ce dernier pays et s'y est propagée dans des proportions immenses. Tel est le cas de l'*Erigeron canadense*, plante parfaitement inutile, que personne n'a jamais songé à cultiver, et qui, originaire du Canada, est aujourd'hui répandue très abondamment en Europe.

On doit conclure de ces faits, que l'état actuel de la distribution des plantes provient, au moins en partie, des conditions qui existaient plus anciennement, et que les espèces qui sont, à notre époque, spontanées dans une contrée, proviennent de la modification des espèces qui existaient antérieurement dans la même contrée; de telle sorte que pour se rendre un compte complet de l'état actuel, il faudrait considérer le développement chronologique de la *flore* en même temps que les conditions physiques. Ce travail ne peut être fait en ce moment, et nous nous contenterons d'un tableau rapide de la distribution actuelle des végétaux. Ce tableau ne fera d'ailleurs que résumer les indications déjà données dans la description de chaque famille.

134. — **Zone torride.** — Cette zone limitée par les deux tropiques comprend les contrées les plus chaudes de la terre, et possède une température moyenne de 25 à 30 degrés. La température n'y descend jamais assez bas pour arrêter la végé-

tation, qui peut se continuer pendant toute l'année dans les endroits où l'humidité ne fait pas défaut, mais qui est suspendue pendant toute la saison séche, là où l'humidité du sol n'est entretenue que par les pluies.

C'est la région des Fougères arborescentes, des Palmiers et autres Monocotylédones de grandes dimensions. Les Graminées acquièrent, dans cette zone, la consistance de plantes ligneuses. Les Orchidées épiphytes y sont très nombreuses et très brillantes. Les Dicotylédones sont relativement moins développées dans ces contrées; elles y sont représentées surtout par des Morées, des Cactées et des Laurinées.

135. — **Zones tempérées.** — Comprises entre les tropiques et les cercles polaires, les deux zones tempérées de l'hémisphère boréal et de l'hémisphére austral possèdent des étendues de terre très inégales, la première offrant des terres bien plus vastes que la seconde; c'est d'elle surtout que nous nous occuperons.

Dans sa partie chaude (nord de l'Afrique, Europe méridionale) on rencontre, outre les céréales, la vigne, l'olivier, le grenadier, beaucoup de Légumineuses ; le figuier, l'amandier, le laurier, parmi les arbres ; les Labiées, Composées et Ombellifères fournissent les arbrisseaux et les herbes les plus caractéristiques ; les Graminées et les Liliacées sont les principales familles de Monocotylédones. Les Conifères offrent plusieurs espèces importantes. Quant aux Cryptogames, elles sont toujours herbacées.

La partie plus froide de la même zone possède des forêts où le hêtre, le chêne, l'aulne, sont les essences dominantes. Les Légumineuses, les Rosacées, fournissent la majorité des arbustes. Parmi les plantes herbacées, la première place revient aux crucifères, aux Renonculacées, et pour les monocotylédones, aux Graminées. Les forêts de Conifères sont constituées surtout par le pin silvestre, l'épicéa et le mélèze.

136. — **Zones polaires.** — Situées au delà des cercles polaires, ces deux zones ne sont guère connues que sur leur lisière. La zone antarctique ne contient pour ainsi dire pas de terres habitables. La zone arctique, totalement dépourvue d'arbres, sauf quelques buissons de saules, offre un assez grand nom-

bre de plantes annuelles appartenant aux Graminées, Renonculacées et Crucifères ; mais la plus grande étendue des terrains est occupée seulement par des Mousses et des Lichens.

137. — Dans chacune de ces contrées, les montagnes assez élevées pour être couronnées de neiges éternelles offrent une végétation variable avec l'altitude. A mesure que l'on s'élève, le nombre des espèces va en diminuant à peu près comme si l'on remontait vers le pôle. Dans les Alpes, par exemple, si l'on part des régions chaudes de la Provence, où croissent la vigne et l'olivier, on rencontre les chênes et les hêtres jusqu'à 1000 mètres d'altitude ; puis les pins, sapins et mélèzes, accompagnés d'aulnes et de bouleaux, qui s'élèvent jusque vers 2500 mètres. A partir de ce niveau les arbres cessent, et, sur le bord des neiges éternelles, on ne rencontre plus que les mousses et les lichens de l'extrême nord.

Les considérations générales de géographie botanique reposent sur les données que peuvent, seuls, fournir les grands voyages ou les grandes collections. Il en est autrement de l'étude des stations des végétaux, que chacun peut faire autour de lui dans les herborisations.

DES HERBORISATIONS

138. — Des herborisations. — On donne le nom d'herbo-risations aux excursions qui ont pour but de recueillir les plan-tes destinées à l'étude. Outre l'avantage de se familiariser avec un certain nombre d'espèces, on y trouve l'occasion de voir les plantes dans leur station naturelle, ce qui aide considé-rablement à retenir leur physionomie propre. Mais on ne saurait confier à la seule mémoire les détails nombreux que l'on peut observer ainsi : de là l'habitude de conserver, dans des collections nommées *herbiers*, les plantes qui ont été re-cueillies ; chaque échantillon étant accompagné d'une éti-quette qui porte le nom de la plante, la date de la récolte et l'indication précise du lieu où elle a été prise.

Les échantillons destinés à l'herbier doivent être aussi complets que possible. Pour les plantes de petites dimen-sions, on arrache un pied entier : les racines fournis-sant souvent d'utiles caractères. Si la plante porte des fleurs épanouies et des fruits mûrs, l'échantillon peut être consi-déré comme suffisant ; sinon il faut, à l'échantillon en fleurs, en ajouter un portant des fruits. Pour les plantes de grande dimension, pour les arbres, on recueille aux saisons convenables, et sur le même pied, des rameaux fleuris, puis des rameaux chargés de fruits.

La conservation des plantes s'obtient en les desséchant ra-pidement, sous une pression assez forte, pour que les or-ganes membraneux, feuilles, pétales, etc., ne soient pas cris-pés. On place les échantillons frais dans une feuille double de papier buvard, et l'on empile ces feuilles en intercalant entre elles de petits cahiers du même papier, de manière à former des paquets de 10 à 15 centimètres d'épaisseur.

Chaque paquet est ensuite placé entre deux planches serrées l'une contre l'autre par un poids ou une presse à vis. Après douze ou vingt-quatre heures de séjour, le paquet est enlevé de la presse, et les matelas placés entre les feuilles qui contiennent des plantes sont changés et remplacés par des matelas secs. On continue jusqu'à ce que les plantes soient complétement desséchées.

139.—Il est bien entendu que la détermination des plantes doit être faite avant de les sécher, et sur les échantillons frais. On emploie habituellement, pour y arriver, la méthode dichotomique, adoptée aujourd'hui dans la plupart des flores françaises.

Afin de faire comprendre la manière de se servir des tableaux analytiques, nous emprunterons au *Synopsis de la flore des environs de Paris*, par MM. Cosson et Germain de Saint-Pierre, l'exemple suivant de détermination :

« Nous supposerons que l'on a à nommer le *Stellaria media* (vulg. *Mouron des oiseaux*), plante que l'on trouve partout, en fleurs et en fruits, pendant presque toute l'année.

« La *première opération* consiste à déterminer la *famille* à laquelle appartient la plante.

« Consultant le tableau analytique des familles, nous lisons les deux phrases diagnostiques du paragraphe n° 1.

1. Plantes présentant de véritables fleurs, etc...................... 2
    Plantes ne présentant pas de véritables fleurs, etc.

« La plante présentant de véritables fleurs, c'est-à-dire présentant des étamines et un ovaire, nous passons au n° 2 auquel nous sommes renvoyés par la première phrase diagnostique.

2. Fleurs munies d'un calice et d'une corolle, etc............... 3
    Enveloppes florales non pétaloïdes, souvent réduites au calice, à une ou plusieurs bractées, ou nulles.

« La fleur étant munie d'un calice et d'une corolle, nous passons au n° 3.

3. Plantes à fleurs toutes hermaphrodites, etc................... 4
    Fleurs unisexuelles, les mâles et les femelles portées sur des individus différents (plantes dioïques).

« Les fleurs étant hermaphrodites, c'est-à-dire présentant à la fois des étamines et un ovaire, nous passons au n° 4.

4. Étamines 1-10, etc 5
   Étamines 12-20 au plus.

« La fleur présentant 10 étamines au moins, nous passons au n° 5.

5. Ovaire non soudé avec le calice, etc....................... 18
   Ovaire soudé avec le calice, etc.

« Une coupe longitudinale de la fleur nous montrant que l'ovaire est libre, nous passons au n° 18.

18. Corolle à pétales libres, etc............................. 19
   Corolle à pétales tous soudés entre eux, etc.

« Les pétales étant libres entre eux, nous passons au n° 19.

19. Corolle irrégulière.
   Corolle... régulière, etc.................................. 27

« La corolle étant régulière, nous passons au n° 27.

27. Fleurs paraissant avant les feuilles, à périanthe infundibuliforme atténué en un long tube qui paraît naître directement d'un bulbe.
   Fleurs portées sur des tiges feuillées, etc.................... 28

« Les fleurs étant portées par des tiges munies de feuilles, nous passons au n° 28.

28. Plusieurs carpelles libres ou soudés seulement dans leur partie inférieure.
   Carpelles soudés entre eux en un ovaire à 1-2 ou plusieurs loges, etc...................................... 32

« L'examen extérieur de l'ovaire nous montre qu'il forme un tout continu et qu'il est surmonté de trois styles libres ; nous en concluons que l'ovaire est constitué par des carpelles intimement soudés entre eux, et nous passons au n° 32.

32. Styles soudés avec un prolongement de l'axe en forme de bec.
   Styles jamais soudés avec un prolongement de l'axe.......... 33

« Voyant que les styles ne sont pas soudés avec un prolongement de l'axe, nous passons au n° 33.

33. Arbres ou arbrisseaux.
   Plantes herbacées, etc.................................... 40

« La plante étant herbacée, nous passons au n⁰ 40.

40. Plante décolorée blanchâtre dans toutes ses parties, à feuilles réduites à des écailles.
    Plantes munies de feuilles.................................... 41

« La plante étant munie de feuilles, nous passons au n° 41.

41. Fleurs munies d'un calice à 4 sépales et d'une corolle à 4 pétales, à étamines au nombre de 6 dont 4 plus longues opposées par paires aux sépales intérieurs (étamines tétradynames) ; fruit étant une silique ou une silicule.
    Fleurs munies d'un calice et d'une corolle à 3-5 parties, rarement plus ; étamines jamais tétradynames ; fruit n'étant ni une silique ni une silicule 42

« Le calice et la corolle étant composés chacun de cinq pièces, et les étamines, au nombre de dix au moins, n'étant pas tétradynames, nous passons au n°-42.

42. Fruit uniloculaire... à placenta central libre, etc........... 43
    Fruit à 2 ou plusieurs loges, ou uniloculaire à placentas pariétaux.

« Le fruit présentant une seule loge et un placenta central libre, nous passons au n° 43.

43. Feuilles alternes, etc.
    Feuilles opposées, etc.................................... 44

« Les feuilles étant opposées, nous passons au n⁰ 44.

44. Fleurs en glomérules entourés d'un involucre et solitaires à l'extrémité de pédoncules radicaux nus ; 5 étamines opposées aux pétales.
    Fleurs non disposées en glomérules solitaires à l'extrémité de pédoncules radicaux nus ; 3-5 étam inesalternes avec les pétales, ou 6-12.................................... 45

Nous passons au n⁰ 15.

15. Styles 3..................................... *Stellaria*   16
    Styles 5, etc.

« Les pétales étant bipartits, nous nous arrêtons au nom de *Stellaria*. — Le numéro d'ordre 16 nous renvoie à la description de ce genre.

« Pour vérifier l'exactitude de la détermination, nous li-

sons la description du genre ou au moins les phrases constituées par les mots imprimés en lettres italiques.

« La *troisième opération* consiste à déterminer le nom de
l'*espèce*.

« Les fleurs n'étant pas disposées en glomérules portés par
des pédoncules radicaux, et les étamines étant au nombre
de dix ou en nombre moindre, mais alors alternes avec les
pétales, nous passons au n° 45.

45. Calice à 2, rarement 3 sépales, etc.
  Calice à 5, plus rarement 4 sépales, etc...................... 46

« Le calice étant à cinq sépales, nous passons au n° 46.

46. Fruit polysperme, déhiscent ;... étamines non insérées sur le calice............... ....*Caryophyllées*..............
    Fruit monosperme, indéhiscent ; étamines insérées sur le calice, etc.

« Le fruit étant polysperme et déhiscent, et les étamines
n'étant pas insérées sur le calice (on entend par l'insertion
d'un organe le point où cet organe devient libre), nous nous
arrêtons au nom de *Caryophyllées*. — L'indication qui suit
le nom de la famille nous renvoie à la page où cette famille
est décrite.

« Pour vérifier l'exactitude de la détermination, nous lisons la description de la famille, ou au moins les phrases
constituées par les mots imprimés en lettres italiques.

« La *deuxième opération* consiste à determiner le nom
du *genre*.

« Nous trouvons l'analyse des genres de la famille à la
suite de sa description, et nous lisons les deux phrases diagnostiques comprises sous le n° 1.

1. Calice à sépales soudés en tube, etc.
  Calice à sépales libres, etc.............................. 11

« La seconde phrase diagnostique nous renvoie au n° 11.

11. Feuilles munies de stipules scarieuses.
  Feuilles dépourvues de stipules.......................... 14

Nous passons au n° 14.

14. Pétales bifides ou bipartits........................... 15
  Pétales entiers, etc....................................

« Nous trouvons le tableau analytique des espèces du genre *Stellaria* à la suite de sa description, et nous lisons les deux phrases diagnostiques comprises sous le n° 1.

1. Feuilles ovales ou ovales-acuminées, pétiolées au moins les inférieures... 2
     Feuilles linéaires-lancéolées ou oblongues-lancéolées, sessiles.

« Les feuilles étant ovales, et les inférieures étant pétio-lées, nous passons au n° 2.

2. Plante annuelle; tiges présentant sur l'une de leurs faces une ligne longitudinale de poils................................ *S. media.*
     Souche vivace traçante; tiges pubescentes dans leur partie inférieure.

« La racine de la plante étant pivotante et grêle, et les tiges présentant dans chaque entre-nœud une ligne de poils, nous nous arrêtons au nom de *Stellaria media.*

FIN

TABLE DES MATIÈRES

FIN DE LA TABLE DES MATIÈRES.

PARIS. — IMPRIMERIE ÉMILE MARTINET, RUE MIGNON, 2.

1. Les noms en caractères *italiques* sont ceux de familles ou de genres. Les noms en caractères romains sont ceux d'organes ou de fonctions.

FIN DE LA TABLE ALPHABÉTIQUE.

LIBRAIRIE GERMER BAILLIÈRE et Cie

OUVRAGES DE SCIENCES NATURELLES

POUR LES CLASSES ÉLÉMENTAIRES DES LYCÉES

Cours de botanique, par M. LE MONNIER, ancien élève de l'École normale supérieure, professeur de botanique à la Faculté des sciences de Nancy, agrégé de l'Université :

   1° *Cours de quatrième*, 1 vol. in-12 avec figures........ 2 fr. 50
   2° *Cours de philosophie*, 1 vol. in-12 avec figures.

Cours de zoologie, par M. DASTRE, maître de conférences de zoologie à l'École normale, professeur suppléant à la Faculté des sciences de Paris :

   1° *Cours de cinquième*, 1 vol. in-12 avec figures.
   2° *Cours de philosophie*, 1 vol. in-12 avec figures.

Eléments d'histoire naturelle des terrains et des pierres, précédés des *premiers éléments des sciences expérimentales* (classe de septième), par M. LEFÈBVRE, ancien élève à l'École normale supérieure, professeur agrégé de physique au lycée de Versailles. 1 vol in-12 avec figures dans le texte.

Eléments d'histoire naturelle des animaux et des plantes, (classe de huitième). (*Sous presse*).

Eléments de géologie (classe de quatrième), par M. JULIEN, professeur à la Faculté des sciences de Clermont-Ferrand, 1 vol. in-12 avec figures.

Premières notions sur les sciences, par TH. HUXLEY, membre de la Société royale de Londres. 1 vol. in-32 de 190 pages. Broché, 60 cent; cartonné à l'anglaise........................ 1 fr.

Géologie. par GEIKIE, professeur de géologie et de minéralogie à l'université d'Édimbourg. 1 vol. in-32 de 190 pages, avec gravures dans le texte. Broché, 60 c. ; cartonné à l'anglaise... 1 fr.

Géographie physique, par *le même*. 1 vol. in-32 de 190 pages, avec gravures dans le texte. Broché, 60 cent. ; cartonné à l'anglaise........................ 1 fr.

Histoire de la Terre, par BROTHIER. 1 vol. in-32 de 190 pages, 5e édition. Broché, 60 c. ; cartonné à l'anglaise........... 1 fr.

9 782019 285982